智能制造领域应用型人才培养"十三五"系列精品教材

工业机器人

系统集成维护与故障诊断

组　编　工课帮

主　编　王卉军

副主编　卢　丹　沈雄武

参　编　庄亚君　高　迟

U0370555

华中科技大学出版社
http://www.hustp.com
中国·武汉

内容简介

　　本书主要内容包括工业机器人故障诊断与保养基础知识、工业机器人本体维护、工业机器人控制柜维护保养、工业机器人控制系统故障解析、工业机器人常见故障排除,由易到难地讲述工业机器人在使用中的各种问题。通过学习本书,读者可对工业机器人维护有全面的认识。

　　本书图文并茂,通俗易懂,具有很强的实用性和操作性,既可作为中高等职业院校工业机器人相关专业教材,又可作为工业机器人培训机构用书,同时可供相关行业的技术人员参考。

图书在版编目(CIP)数据

工业机器人系统集成维护与故障诊断/工课帮组编;王卉军主编.—武汉 :华中科技大学出版社,2020.9
(2024.1重印)
ISBN 978-7-5680-6590-0

Ⅰ.①工… Ⅱ.①工… ②王… Ⅲ.①工业机器人-故障诊断 ②工业机器人-维修 Ⅳ.①TP242.2

中国版本图书馆 CIP 数据核字(2020)第 180382 号

工业机器人系统集成维护与故障诊断　　　　　　　　　　　　　　　　　　工课帮　组编
Gongye Jiqiren Xitong Jicheng Weihu yu Guzhang Zhenduan　　　　　　王卉军　主编

策划编辑:袁　冲
责任编辑:刘　静
责任监印:朱　玢
出版发行:华中科技大学出版社(中国·武汉)　　　电话:(027)81321913
　　　　　武汉市东湖新技术开发区华工科技园　　　邮编:430223
录　　排:华中科技大学惠友文印中心
印　　刷:武汉市首壹印务有限公司
开　　本:787mm×1092mm　1/16
印　　张:13.25
字　　数:351千字
版　　次:2024年1月第1版第4次印刷
定　　价:38.00元

"工课帮"简介

　　武汉金石兴机器人自动化工程有限公司(简称金石兴)是一家专门致力于工程项目与工程教育的高新技术企业,"工课帮"是金石兴旗下的高端工科教育品牌。

　　自"工课帮"创立以来,教学研发团队一直致力于打造精品课程资源,不断在产、学、研三个层面创新执教理念与教学方针,并集中"工课帮"的优势力量,有针对性地出版了智能制造系列教材二十多种,制作了教学视频数十套,发表了各类技术文章数百篇。

　　"工课帮"不仅研发智能制造系列教材,还为高校师生提供配套学习资源与服务。

　　为高校学生提供的配套服务:

　　(1)针对高校学生在学习过程中压力大等问题,"工课帮"为高校学生量身打造了"金妞","金妞"致力推行快乐学习。高校学生可添加QQ(2360363974)获取相关服务。

　　(2)高校学生可用QQ扫描下方的二维码,加入"金妞"QQ群,获取最新的学习资源,与"金妞"一起快乐学习。

　　为工科教师提供的配套服务:

　　针对高校教学,"工课帮"为智能制造系列教材精心准备了"课件＋教案＋授课资源＋考试库＋题库＋教学辅助案例"系列教学资源。高校老师可联系大牛老师(QQ:289907659),获取教材配套资源,也可用QQ扫描下方的二维码,进入专为工科教师打造的师资服务平台,获取"工课帮"最新教师教学辅助资源。

现阶段,我国制造业面临资源短缺、劳动力成本上升、人口红利减少等压力,而工业机器人的应用与推广,将极大地提高生产效率和产品质量,降低生产成本和资源消耗,有效提高我国工业制造竞争力。我国《机器人产业发展规划(2016—2020 年)》强调,机器人是先进制造业的关键支撑装备和未来生活方式的重要切入点。广泛采用工业机器人,对促进我国先进制造业的崛起,有着十分重要的意义。"机器换人,人用机器"的新型制造方式有效推进了工业升级和转型。

伴随着工业大国相继提出机器人产业政策,如德国的"工业 4.0"、美国的先进制造伙伴计划、中国的"十三五规划"与"中国制造 2025"等国家政策,工业机器人产业迎来了快速发展的态势。当前,随着劳动力成本上涨,人口红利逐渐消失,生产方式向柔性、智能、精细转变,中国制造业转型升级迫在眉睫。全球新一轮科技革命和产业变革与中国制造业转型升级形成历史性交汇,中国已经成为全球最大的机器人市场。大力发展工业机器人产业,对于打造我国制造业新优势、推动工业转型升级、加快制造强国建设、改善人民生活水平具有深远意义。

工业机器人已在越来越多的领域得到了应用。在制造业中,尤其是在汽车产业中,工业机器人得到了广泛应用。如在毛坯制造(冲压、压铸、锻造等)、机械加工、焊接、热处理、表面涂覆、上下料、装配、检测及仓库堆垛等作业中,机器人逐步取代人工作业。机器人产业的发展对机器人领域技能型人才的需求也越来越迫切。为了满足岗位人才需求,满足产业升级和技术进步的要求,部分应用型本科院校相继开设了相关课程。在教材方面,虽有很多机器人方面的专著,但普遍偏向理论与研究,不能满足实际应用的需要。目前,企业的机器人应用人才培养只能依赖机器人生产企业的培训或产品手册,缺乏系统学习和相关理论指导,严重制约了我国机器人技术的推广和智能制造业的发展。武汉金石兴机器人自动化工程有限公司依托华中科技大学在机器人方向的研究实力,顺应形势需要,产、学、研、用相结合,组织企业专家和一线科研人员开展了一系列企业调研,面向企业需求,联合高校教师共同编写了"智能制造领域应用型人才培养'十三五'系列精品教材"系列图书。

该系列图书有以下特点:

(1)循序渐进,系统性强。该系列图书从工业机器人的入门应用、技术基础、实训指导,到工业机器人的编程与高级应用,由浅入深,有助于读者系统学习工业机器人技术。

(2)配套资源丰富多样。该系列图书配有相应的人才培养方案、课程建设标准、电子课件、视频等教学资源,以及配套的工业机器人教学装备,构建了立体化的工业机器人教学体系。

(3)覆盖面广,应用广泛。该系列图书介绍了工业机器人集成工程所需的机械工程案例、电气设计工程案例、机器人应用工艺编程等相关内容,顺应国内机器人产业人才发展需要,符合制造业人才发展规划。

　　"智能制造领域应用型人才培养'十三五'系列精品教材"系列图书结合工业机器人集成工程实际应用,教、学、用有机结合,有助于读者系统学习工业机器人技术和强化提高实践能力。该系列图书的出版发行填补了机器人工程专业系列教材的空白,有助于推进我国工业机器人技术人才的培养和发展,助力中国智造。

中国工程院院士

2018 年 10 月

工业机器人技术是近年来新技术发展的重要领域之一,是以微电子技术为主导的多种新兴技术与机械技术交叉、融合而成的一种综合性的高新技术。这一技术在工业、农业、国防、医疗卫生、办公自动化及生活服务等众多领域得到越来越多的应用。工业机器人在提高产品质量、加快产品更新、提高生产效率、促进制造业的柔性化、增强企业和国家的竞争力等方面具有举足轻重的地位。因此,工业机器人技术不但在许多学校被列为机电一体化专业的必修课程,而且成为广大工程技术人员迫切需要掌握的知识。

在全球范围内的制造产业战略转型期,我国工业机器人产业在应用和维护保养方面迎来了爆发性的发展机遇。随着时间的推移,越来越多的工业机器人需要维护保养。越高端的设备其技术含量也越高,要保证设备长期正常地运行,就必须对设备进行维护保养(为防止设备性能劣化或降低设备失效的概率,按事先规定的计划或相应技术条件的规定进行技术管理)。在实际工作当中,生产与设备紧密相连,无论是管理者还是操作人员,对设备的稳定运行都要付出大量的精力。

本书对工业机器人故障诊断与保养基础知识、工业机器人本体维护、工业机器人控制柜维护保养、工业机器人控制系统故障解析、工业机器人常见故障排除等内容进行了讲解,以使学生熟悉工业机器人系统维护保养各方面的知识。本书的特点是:理论与实训任务紧密结合,内容新颖,使学生能够在较短的时间内掌握生产现场最需要的工业机器人系统维护保养知识。本书不仅可作为工业机器人技术或机器人工程专业的教材,而且可作为机电一体化专业、自动化专业、机械类相关专业所开设的工业机器人课程的教学用书,还可供从事工业机器人应用开发、调试、现场维护的工程技术人员学习和参考。

尽管编者主观上努力使读者满意,但书中肯定有不尽如人意之处,疏漏和不足之处在所难免,编者热忱欢迎读者提出宝贵的意见和建议。

如有问题,请给编者发邮件。电子邮箱:2360363974@qq.com。

编　者
2020 年 6 月

项目 1
工业机器人故障诊断与保养基础知识

本项目主要讲解工业机器人的基础知识，内容涉及工业机器人基本术语、图形符号、故障与保养基本知识，同时还对工业机器人本体和工业机器人控制柜保养常用工具进行了说明，为日后学习工业机器人本体以及工业机器人控制柜维护保养做准备。

研究工业机器人故障诊断技术的目的是提高故障诊断的准确性和故障排除的及时性，确保工业机器人能够安全、稳定地运行。随着工业机器人的功能越来越多、应用越来越广泛，工业机器人的机械结构越来越精密、控制系统越来越复杂，对工业机器人的故障诊断技术提出了更高的要求。虽然工业机器人领域的技术专家经过多年的努力研究，现在已经提出多种先进的故障诊断方法，但是工业机器人故障诊断技术尚不完善，仍有一些工程应用问题需要进行更深入的研究。

 【学习目标】

※ **知识目标**
1. 了解工业机器人故障诊断技术的发展趋势。
2. 了解工业机器人的基本术语与图形符号。
3. 了解工业机器人维护与保养安全。

※ **技能目标**
1. 掌握工业机器人本体维护常用工具。
2. 掌握工业机器人控制柜维护常用工具。

◀ 1.1 工业机器人故障诊断技术的发展趋势 ▶

工业机器人是一种集机械、电子、控制、计算机、传感器、人工智能等先进技术于一体的智能装备,对提高制造业的智能制造水平具有非常重要的意义。作为现代制造业的主要自动化装备,工业机器人在国民经济各个领域中的应用非常广泛。目前,各个国家都非常重视工业机器人的技术研究,工业机器人的拥有量已经成为衡量一个国家制造业综合实力的重要指标之一。

尽管工业机器人在现代制造业中起到越来越重要的作用,并在世界范围内,尤其是在中国迅速普及,但是由于集多种高新技术于一体,工业机器人的机构精密复杂,对维修技术人员的专业技能提出了极高的要求。目前应用工业机器人的企业普遍不具备自主维修的能力,当工业机器人因故障而停机时,往往需要通知外部服务商派维修技术人员到企业故障现场进行诊断和维修,这个过程需要耗费大量的等待时间。另外,由于维修技术人员到达故障现场前不能全面详尽地获取故障工业机器人的日常运行状况、故障现象和故障发生前后的运行数据,因此维修技术人员到达故障现场后往往不能迅速地对故障做出准确的诊断和处理,从而拖延了恢复正常生产的时间,严重影响企业的生产节拍,加剧因停工给企业造成的损失。由此可见,先进的故障诊断技术对保障工业机器人高效、稳定地运行是非常有必要的。

1.1.1 任务目标与要求

理解工业机器人故障诊断技术的发展现状,了解工业机器人故障诊断技术的发展趋势,了解工业机器人远程监控服务平台。

1.1.2 任务相关知识

1. 工业机器人故障诊断技术的发展现状

工业机器人故障诊断技术的发展可以划分为以下三个阶段。

第一阶段:维修技术人员观察故障工业机器人的运行状态,测试噪声、运行轨迹、温度、振动等参数的异常变化,然后与正常状态进行比较,凭借以往维修经验做出故障诊断。

第二阶段:采用工业机器人的本地状态监测与故障诊断模式,通过错误代码提示工业机器人的故障信息,维修技术人员根据故障信息进行故障诊断。目前此种故障处理方式的应用比较普遍。

第三阶段:采用基于网络的远程实时监控和故障诊断模式。该模式目前还处于试验研究阶段。

瑞典的 ABB 几年前就开发出了远程监控服务平台。利用该平台,ABB 可以为客户的工业机器人提供远程实时监控和故障诊断服务,可以通过安装在客户现场的专用网络服务箱接收工业机器人的故障信息,可以预判工业机器人可能出现的故障问题,并为客户提供故障维修技术支持。

与 ABB 所采用的方案不同,日本 FANUC 的工业机器人本身就支持远程实时监控和故障诊断,所采用的远程监控服务系统不需要外加网络设备,利用现有的 TCP/IP 有线网络与客户现场的工业机器人进行远程沟通,对工业机器人进行远程故障诊断,并协助故障现场的维修技术人员实施故障诊断和处理工作。

目前,国内的工业机器人生产商还没有推出远程监控和故障诊断的应用系统,工业机器人的运行状态监控和故障诊断还是依靠工业机器人单机自主报警,通过示教器显示错误代码,提醒维修技术人员完成相应的故障诊断和处理,但是在大多数情况下错误代码并不能全面准确地反映故障问题根源,仍需要专业工程师在故障现场进行分析和维修。可见,国内工业机器人远程故障诊断技术还存在很大的提升空间。

2. 工业机器人故障诊断技术的发展趋势

工业机器人故障诊断技术经历了从现场经验判断到远程诊断、从简单到精密、从单机到网络的发展过程。从近几年工业机器人行业不断推出的新产品来看,工业机器人故障诊断技术正在向着远程化、网络化、集成化和智能化的方向发展。

1) 工业机器人故障诊断技术远程化和网络化

基于物联网的工业机器人远程故障诊断技术是将现有故障诊断技术、传感器技术、视觉技术、计算机技术和专家系统技术等,与物联网技术有机结合,通过对工业机器人运行状态进行远程实时监控和网络化跟踪,实现对工业机器人故障的早期诊断和及时维修,并且实现工业机器人运行状态数据、故障信息、分析方法和故障诊断知识的网络共享。

基于物联网的工业机器人远程故障诊断技术在降低工业机器人的平均故障间隔时间、提高企业的生产效率和降低企业的生产成本方面有很大的优势,是工业机器人故障诊断技术发展的一个重要方向。

2) 工业机器人故障诊断技术多源信息融合化

电子技术、信号检测与处理技术、计算机技术、网络通信技术以及控制技术的快速发展,使得利用计算机技术对获得的多个传感器的信息在一定的准则下加以自动分析、优化综合处理,并完成预期决策成为可能。基于多源信息融合技术的故障诊断方法通过实时监控工业机器人的运行状态信息,如机械的振动、异常声音、温度、压力、转数、输出扭矩和输出功率等,并利用计算机技术融合这些数据信息,来消除多个传感器信息之间存在的冗余和矛盾,降低不确定因素的影响。准确地完成故障问题根源的判定,是今后工业机器人故障诊断技术重点研究的方向。

3) 工业机器人多种故障诊断方法集成化

目前,工业机器人的故障诊断方法主要包括基于信号处理的故障诊断方法、基于故障模型的故障诊断方法、基于神经网络的故障诊断方法、基于粗糙集的故障诊断方法、基于遗传算法的故障诊断方法、基于故障树的故障诊断方法、基于专家系统的故障诊断方法和基于模糊集的故障诊断方法等。这些方法都有其固有的优缺点,或者针对某些特定的情况有效,而对其他情况效果并不明显,使用时注意发挥所用方法的优点,可将多种故障诊断方法有机结合起来,实现优势互补。提高故障诊断的准确性,使工业机器人能更好地满足企业的需求,是今后工业机器人故障诊断技术需要继续研究的方向。

3. 工业机器人远程监控服务平台

国内还没有工业机器人远程监控与故障处理的应用实例,工业机器人的监控还停留在由工业机器人单机自主报警,维修技术人员现场分析报错原因并进行现场干预处理阶段。早在 10 多年前,我国就有人提出一种基于 TCP/IP 协议的工业机器人远程监控与诊断系统。这种系统采用 Socket 组件以及多线程技术来实现。监控终端装有客户端监控处理软件,现场作业的每台工业机器人控制器装有向远程发送与(或)接收远程干预指令的控制程序。处于该局域网内并装有客户终端软件的用户都可以随时随地查看或修改现场工业机器人的位置、运行状态等相关参数信息。综上所述,通过实施远程监控与诊断技术,工业机器人可实现客户端实时、准确、可靠地对工业机器人运动状态进行远程监控与诊断。

在现代制造系统（柔性制造系统、计算机集成制造系统或计算机/现代集成制造系统）中，工业机器人已经成为一种像数控机床一样必不可少的设备。利用 Internet 对工业机器人进行远程监控与故障诊断可方便地实现对各生产线自动化控制系统的异地监控与维护。合理地利用自动化部门、车间、生产线的各种资源，实现各车间、各生产线信息资源的共享，可以迅速提高整体维护水平，降低生产线的故障率，提高维修技术人员的维护反应速度和超前处理的能力，这对保障生产线的顺利运行具有极为重要的战略意义和极高的实际应用价值，同时也为整个自动化工厂 ERP、MES 的建立搭建良好的基础平台。本节内容致力于有机集成工业机器人与远程监控终端，实现车间智能化。

1）远程监控系统的框架组成

为了便于客户能够远程监控本地制造系统中的工业机器人，在本地的服务器方需要创建一个监听线程，用以随时监听是否有客户的连接要求，并决定是否要响应请求。如果响应请求，则服务器端发送一条消息给客户方，告诉对方可以接管工业机器人的控制权。此后，客户机可根据实际需要发送控制指令给服务器，服务器再把该指令通过串行通信的方式传给工业机器人的控制器，进而达到控制工业机器人的目的。在工业机器人执行指令的过程中，服务器可根据需要及时把指令的执行情况传回给客户方，这样客户方就能知道工业机器人的具体执行情况。

综上所述，可以把远程监控系统结构划分为 2 个子系统，即远程客户机、工业机器人控制器，如图 1-1 所示。

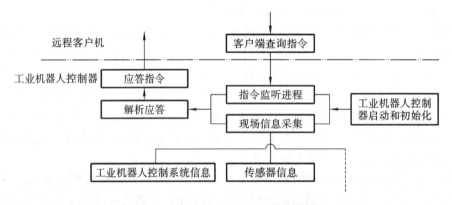

图 1-1　工业机器人远程监控系统的结构

2）远程监控系统的主要功能

远程监控系统主要完成以下功能。

（1）远程客户机完成对工业机器人系统的操作控制和接收信息反馈的结果，是远程监控系统与操作人员进行交互的中介，即将操作人员所关心的信息以简明、直观的方式呈现出来，以快捷、安全的方法接收用户的控制数据，并提供完善的数据检查机制和出错处理机制，是命令的发出者。

（2）工业机器人控制器负责将当前服务器的一系列指令解释为工业机器人控制器指令后传送到相应的执行器，控制工业机器人，使工业机器人到达指定位置，并将得到的工业机器人的当前位置姿态等送回服务器，实时报告工业机器人系统在整个运行过程中的运动状态信息（如网络连接错误、运动是否完毕、电机运动出错、运动超出范围、限位开关故障），是命令的执行者。

注意：此处的电机，其实是指电动机，但为了与后文中软件的截屏图相对应，本书统一以电机来指示工业机器人中的电动机。

操作者向工业机器人发出操作指令的过程如下：操作者在远程客户机端，借助图像和任务的反馈信息,根据不同的任务,借助 winsock 工具,以 TCP 方式将数据从网络发往本地服务器,本地服务器接到此数据后将该操作者的操作信息记录到数据库,然后从网络转发至工业机器人控制机,经工业机器人控制机规划和协调后,用逆运动学反解出各部件的关节角,然后由运动控制卡发至工业机器人执行器,由工业机器人执行器实现实际操作。

(3) 在工业机器人的远程监控系统中,通信协议服务器与客户端的通信采用基于 TCP/IP 协议的 Socket 技术实现,客户端和服务器需要开启一个端口用以接收数据包,服务器与客户端之间的通信以数据包的方式实现。在工业机器人远程监控系统中传输的数据采用二进制格式,长度不固定,数据包格式待定。工业机器人远程监控系统原理图如图 1-2 所示。

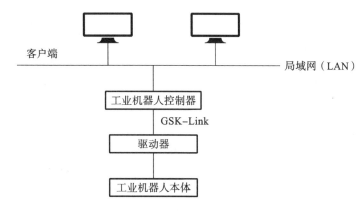

图 1-2 工业机器人远程监控系统原理图

工业机器人远程监控可以实现工业机器人的以下主要操作功能:读取状态(读取工业机器人的位置值、当前程序名、报警信息、运行方式、操作坐标等状态信息)、上传和下载文件、操作系统(设置传输模式和循环方式、锁定与解锁工业机器人、伺服电源通断控制)、编辑及选择作业文件(删除、编写、复制、传送)、对工业机器人以各种坐标方式按不同的速度进行目标点或者增量运动控制等。

工业机器人控制系统根据功能码的要求进行判断,以执行不同的程序,如果某功能有参数,工业机器人控制系统应获得相应的参数值,并将参数值转变成工业机器人执行机构的命令。如果执行完毕或者执行过程中有错误,工业机器人控制系统将执行完毕的消息或者错误报告发送给服务器,服务器再将消息传给远程客户机,这样就实现了工业机器人的远程监控。

每一次技术革命,都对相关学科带来冲击。当前网络技术的迅速发展,给制造业带来了新的变化和重大影响。工业机器人的远程监控系统是工业机器人技术、计算机技术与通信技术发展和融合的产物,体现了控制系统向网络化、集成化、分布化、节点智能化发展的趋势。该系统具有以下优点:扩展性好、可靠性高、安全性能可靠、使用方便、覆盖面大、应用范围广;通过功能强大的信号分析软件能准确而及时地把握整个企业的生产运行状况,能成功捕获故障隐患,实时分析、诊断,迅速做出维修计划,能合理地利用自动化部门、车间、生产线的各种资源,实现各车间、各生产线资源的共享,对迅速提高生产线的整体维护水平、降低生产线的故障率、保障生产线的顺利运行具有极为重要的战略意义和极高的实际应用价值,对工厂生产信息处理和领导决策支持发挥着重要的作用。

1.1.3 任务实施

通过上网查找资料,结合本任务相关知识,将国内外工业机器人最新故障诊断技术整理成文档。

1.1.4　知识扩展

瑞士的ABB、德国的KUKA(库卡)、日本的FANUC(发那科)和YASKAWA(安川电机)并称工业机器人四大家族。它们一起占据着中国工业机器人产业70%以上的市场份额,几乎垄断了工业机器人制造、焊接等高阶领域。四大家族各自都有哪些优劣势? 你心中最强的又是哪一家呢?

1. ABB

ABB来自瑞士苏黎世,由两个有100多年历史的国际性企业——瑞典的ASEA(阿西亚公司)和瑞士的BBC(布朗勃法瑞公司)在1988年合并而成。

优势:①拥有最多种类的工业机器人产品、技术和服务,是全球装机量最大的工业机器人供货商。ABB工业机器人本身的整体性高。以ABB六轴工业机器人来说,单轴速度并不是最快的,但六轴一起联合运作的精准度是很高的。②运动控制是ABB工业机器人的核心优势,且ABB工业机器人的算法好。工业机器人最大的难点在于运动控制系统,而ABB工业机器人的核心优势就是运动控制。可以说,ABB的工业机器人算法是工业机器人四大家族中最好的,不仅仅有全面的运动控制解决方案,产品使用技术文档也相当专业和具体,具有相对成熟的网上社区、巨大的市场保有量和应用案例。③重视品质的同时也讲究工业机器人的设计。

劣势:①贵,配备高标准控制系统的ABB工业机器人价格都很贵。②有不少的企业透露,在工业机器人四大家族中,ABB的交货期是最长的。③讲究实用主义。相对来说,ABB工业机器人的外观不出彩,配件选型不追新。

数据:2017年2月,ABB成功收购3D检测和质量控制解决方案领域的顶尖创新公司NUB3D。这次收购拓展了ABB Ability数字化解决方案产品组合,有助于引领客户走向"未来工厂"。

2. KUKA

KUKA于1898年在德国奥格斯堡建立,1973年研发了名为"FAMULUS"的第一台拥有六个机电驱动轴的工业机器人。KUKA是车厂大户,同时也专注于向工业生产过程提供先进的自动化解决方案,更涉足医院的脑外科及放射造影。KUKA在工业机器人方面的业务主要是工业机器人及其系统集成。

KUKA的客户:通用汽车、克莱斯勒、福特、保时捷、BMW、奥迪、奔驰、福斯、法拉利、哈雷戴维森、波音、西门子、宜家、施华洛世奇、沃尔玛、百威啤酒、可口可乐等。

优势:①操作简单。KUKA的二次开发做得好,就算一个完全没有技术基础的"小白",一天之内就可以上手操作。人机界面也做得很简单,相比较之下,日系品牌工业机器人的控制系统键盘很多,操作略显复杂。②在重负载工业机器人领域做得比较好,在120 kg以上的工业机器人中,KUKA和ABB的市场占有量居多,而在重载的400 kg和600 kg工业机器人中,KUKA的销量是最多的。③KUKA的工艺包提供得多,常见应用也齐全。④工业机器人在外观上比ABB工业机器人时尚,追新、时尚是KUKA的标签。

劣势:故障率较高。据悉,相对于ABB工业机器人、FANUC工业机器人,KUKA工业机器人的返修率较高。

数据:2016年5月,美的集团宣布将通过旗下子公司以全现金方式收购德国库卡集团,拟增持KUKA股权30%以上,交易总额最高不超过40亿欧元。美的收购KUKA有助于加快

KUKA 在中国本土化的步伐,扩大美的的业务范围。美的发布的 2017 年中报显示,在 2016 年高基数的前提下,美的 2017 年上半年营收同比增长 60.2%,净利润增长 13.9%,营收和净利润分别达 1 249.6 亿元和 115.5 亿元。营收和利润双增长主要来自美的 2016 年收购的 KUKA 所带来的增量。公告显示,KUKA 2017 年上半年营收 135.13 亿元,净利 4.51 亿元,分别同比增长 35%、98%,达到历史最高水平。

3. FANUC

FANUC 创建于 1956 年,三年后首次推出了电液步进电机,进入 20 世纪 70 年代,FANUC 毅然舍弃了使其发家的电液步进电机数控产品而开始转型。如今 FANUC 已经成为当今世界上数控系统设计、制造、销售实力最强的企业之一,掌握着数控机床发展最核心的技术,也推动了世界数控机床技术水平的提高。

FANUC 有三个紧密结合的业务板块,分别是数控系统及伺服系统、工业机器人、机床。这三大板块的控制部分采用了统一的平台,降低了成本和集成难度。因此,FANUC 的工业机器人在上游由自家一流的伺服系统和运动控制系统构成工业机器人控制器,还有自家一流的机床和机器人负责机械的加工及生产;在下游有巨量的 CNC 集成应用支持,这种成本和技术上的优势很大。

FANUC 的总部坐落在富士山下,FANUC 因此被人们称为“富士山下的黄色巨人”,同时 FANUC 也是最早为人熟知真正使用工业机器人制造工业机器人的企业。

优势:①工艺控制便捷,可以实现对喷涂参数的无级调整,在生产过程中也可修改喷涂参数,手腕动作灵活,加速度高,对提高小型工件的喷涂节拍非常高效;②和同类型工业机器人相比,FANUC 工业机器人的铝合金外壳使得工业机器人质量轻、加速快、日常维护保养方便;③底座尺寸更小;④空心手腕使得油管、气管布置更加便捷,大幅减少了喷房保洁工作量,节省了生产时间;⑤独有的手臂设计让工业机器人可以靠近喷房壁安装,使得工业机器人在高度灵活生产的条件下也不会与喷房壁发生干涉;⑥FANUC 工业机器人精度很高;⑦在集成软件包方面,FANUC 可以满足绝大部分的应用需求;⑧FANUC 是在工业机器人控制器内集成视觉的厂商,只需要购买普通的工业相机,即可完成各种复杂的视觉应用。

劣势:①过载不行。②在稳定性方面也不是最好的。据悉,在满负载运行的过程中,当速度达到 80% 时,FANUC 工业机器人就会报警,这也说明了 FANUC 工业机器人的过载能力并不是很好。③在网络上很难找到 FANUC 的技术或产品资料。很显然,这增加了用户熟悉和使用产品的时间,增大了厂商技术支持的难度。所以,FANUC 的优势在于轻负载、高精度,这也是 FANUC 的小型工业机器人(24 kg 以下的)畅销的原因。

数据:FANUC 发布的 2016 财年合并财报显示,FANUC 的净利润同比减少 20%,减至 1 276 亿日元,销售额减少 14%,减至 5 369 亿日元。

4. YASKAWA

YASKAWA 创立于 1915 年,是日本最大的工业机器人公司。1977 年,YASKAWA 运用自己的运动控制技术开发生产出了日本第一台全电气化的工业机器人,此后相继开发了焊接、装配、喷漆、搬运等各种各样的自动化工业机器人,并一直引领着全球产业用机器人市场。

优势:①稳定性好,负载大。YASKAWA 传承了 100 多年的电气电机技术,YASKAWA 的 AC 伺服和变频器市场份额稳居世界第一。YASKAWA 可以把电机的惯量做到最大化,所以 YASKAWA 的工业机器人稳定性高,在满负载、满速度运行的过程中不会报警,甚至能够过载运行。②价格优势明显。可以说,YASKAWA 工业机器人的性价比在四大品牌中是最高的,YASKAWA 走的是批量化的道路。

劣势:精度略差。相比 FANUC 工业机器人,YASKAWA 工业机器人的精度没有那么高。因此,YASKAWA 在重负载的工业机器人应用领域,如汽车行业,市场是相对较大的。

数据:YASKAWA 虽然进入中国市场比较晚,但是正在加速在华的布局。在中国市场,YASKAWA 2017 财年第一季度营业额达到 269 亿日元,相较于 2016 年同期大幅增长 32.1%,中国也成为 YASKAWA 除了日本本土之外最大的单一国家市场。

美国《机器人商业评论》(Robotics Business Review)于 2017 年 3 月公布了 2017 年《机器人商业评论》认为最值得关注、全球最有影响力的 50 家机器人行业公司名单:RBR 50 名单。名单的确定除了以公认的原则为标准外,还考虑了企业的创新能力、突破性应用、商业成果和潜力等因素。

排名第一的是 ABB,FANUC 排名第十一,KUKA 排名第二十一,YASKAWA 排名第五十。虽然这个榜单包含了无人机、自动驾驶等,并不局限于工业机器人领域,但由此可见 ABB 的霸主地位难以撼动。

1.1.5　任务小结

通过本任务的实施,初步介绍了工业机器人故障诊断技术的发展现状与发展趋势,以及工业机器人远程监控服务平台技术,使学生对工业机器人故障诊断技术产生一定的了解,激发学生学习工业机器人故障诊断与维护的兴趣。

◀ 1.2　工业机器人故障诊断与保养管理 ▶

通过对设备进行维修保养,可以有效提高设备的运行效率,延长设备的寿命,降低设备的损耗,从而提高生产率,降低生产成本。工业机器人属于高精密设备,对工业机器人来说,维护保养与管理具有更重要的意义。

工业机器人维护保养与管理的目的是降低工业机器人的故障率,缩短工业机器人的停机时间,充分利用工业机器人这一生产要素,最大限度地提高生产效率。工业机器人的维护保养与管理在企业生产中尤为重要,直接影响到工业机器人系统的寿命,必须精心维护工业机器人。

1.2.1　任务目标与要求

理解机械设备保养的原则和要求,了解工业机器人维护保养的知识,学会制作机械设备以及工业机器人的各类点检表。

1.2.2　任务相关知识

1. 机械设备保养的原则和要求及保养作业的实施和监督

1) 机械设备保养的原则和要求

(1) 为保证机械设备经常处于良好的技术状态,随时可以投入运行,减少故障停机日,提高机械设备的完好率、利用率,减少机械设备的磨损,延长机械设备的使用寿命,降低机械设备的运行和维修成本,确保安全生产,必须强化对机械设备的保养工作。

(2) 机械设备保养必须贯彻"养修并重,预防为主"的原则,做到定期保养、强制进行,正确处理使用、保养和修理的关系,不允许只用不养、只修不养。

（3）各班组必须按机械设备保养规程、保养类别做好各类机械设备的保养工作，不得无故拖延，特殊情况需经分管专工批准后方可延期保养，但一般不得超过规定保养间隔期的一半。

（4）保养机械设备要保证质量，按规定项目和要求逐项进行，不得漏保或不保。对保养项目、保养质量和保养中发现的问题应做好记录，报本部门专工。

（5）保养人员和保养部门应做到"三检一交"（自检、互检、专职检查和一次交接合格），不断总结保养经验，提高保养质量。

（6）资产管理部定期监督、检查各单位机械设备保养情况，定期或不定期抽查保养质量，并奖优罚劣。

2）机械设备保养作业的实施和监督

（1）机械保养。

机械保养应坚持推广以"清洁、润滑、调整、紧固、防腐"为主要内容的"十字"作业法，实行例行保养和定期保养制，严格按使用说明书规定的周期及检查保养项目进行。

（2）例行保养。

例行保养是在机械设备运行的前后及过程中进行的清洁和检查，主要检查要害、易损零部件（如机械安全装置）的情况，以及冷却液、润滑剂、燃油量、仪表指示等。例行保养由操作人员自行完成，并认真填写"机械设备例行保养记录"。

（3）机械设备的三级保养。

三级保养制是专业管理维修与群管群修相结合的一种机械设备维修制度。三级保养的具体内容包括日常维护保养（通称为例保）、一级保养（简称一保）和二级保养（简称二保）。机械设备的三级保养是依靠群众，充分发挥群众的积极性，实行群众管理，搞好机械设备维护保养的有效办法。以下是三级保养制的内容。

日常维护保养：班前班后由操作工认真检查机械设备，擦拭机械设备各个部位和加注润滑油，使机械设备经常保持整齐、清洁、润滑、安全。班中机械设备发生故障，要及时给予排除，并认真做好交接班记录。

一级保养：以操作工为主，以维修工为辅，按计划对机械设备进行局部拆卸和检查、清洗规定的部位，疏通油路、管道，更换或清洗油线、油毡、滤油器，调整机械设备各部位配合间隙，紧固机械设备各个部位。

二级保养：以维修工为主，列入机械设备的检修计划，对机械设备进行部分解体检查和修理，更换或修复磨损件，清洗，换油，检查修理电气部分，局部恢复精度，满足加工零件的最低要求。

实行三级保养制，必须使操作工对机械设备做到"三好""四会"。

"三好"的内容如下：①管好。操作工应自觉遵守定人定机制度，凭操作证使用机械设备，不乱用别人的机械设备，管好工具、附件，不丢失损坏工具、附件，且将工具、附件放置整齐，安全防护装置齐全好用，线路、管道完整。②用好。机械设备不带病运转，不超负荷使用，不大机小用、精机粗用。操作工应遵守操作规程和维护保养规程，细心爱护机械设备，防止事故发生。③修好。操作工应按计划检修时间停机修理，积极配合维修工，参加机械设备的二级保养工作和大中修理后完工验收试车工作。

"四会"的内容如下：①会使用。操作工应熟悉机械设备结构，掌握机械设备的技术性能和操作方法，懂得加工工艺，并正确使用机械设备。②会保养。操作工应正确地按润滑图表规定加油、换油，保持油路畅通，保持油线、油毡、滤油器清洁，认真清扫，保持机械设备内外清洁，无油垢、无脏物、漆见本色铁见光。操作工应按规定进行一级保养工作。③会检查。操作工应了解机械设备精度标准,会检查与加工工艺有关的精度检验项目,并能进行适当调整。操作工应会检查安全防护和保险装置。④会排除故障。操作工应能通过不正常的声音、温度和运转情况,发现机械设备的异常状况,并能判断异常状况的部位和原因,及时采取措施,排除故障。机械设备发生事故,操作工应参加分析会议,明确事故原因,吸取教训,做出预防措施。

(4) 其他保养。

换季保养:主要内容是更换适用季节的润滑油、燃油,采取防冻措施,增加防冻设施等。换季保养由机械设备使用部门组织安排,由操作班长检查、监督。

走合期保养:新机及大修竣工机械设备走合期结束后必须进行走合期保养,主要内容是清洗、紧固、调整及更换润滑油。走合期保养由机械设备使用部门完成,由资产管理员检查,由资产管理部监督。

转移保养:机械转移工地前,应进行转移保养,作业内容可根据机械设备的技术状况而定,必要时可进行防腐处理。转移保养由机械设备移出单位组织安排实施,由项目部、资产管理员检查,由资产管理部监督。

停放保养:停用及封存的机械设备应进行保养,主要内容是清洁、防腐、防潮等。库存机械设备由资产管理部委托保养,其余机械设备由机械设备使用部门保养。

保养计划完成后要经过认真检查和验收,并编写有关资料,做到记录齐全、真实。

2. 工业机器人的维护保养

工业机器人的维护保养主要包括一般性保养和例行维护。例行维护分为工业机器人控制柜维护和工业机器人本体维护。一般性保养是指工业机器人操作者在开机前,对工业机器人进行点检,确认工业机器人的完好性以及工业机器人的原点位置;在工作过程中注意工业机器人的运行情况,包括油标、油位、仪表压力、指示信号、保险装置等;之后清理现场,清扫工业机器人。

1) 工业机器人控制柜的维护保养

工业机器人控制柜的维护保养包括一般清洁维护,更换滤布(每 500 小时),更换测量系统电池(每 7 000 小时),更换计算机风扇单元、伺服风扇单元(每 50 000 小时),检查冷却器(每月)等。工业机器人控制柜维护保养的时间间隔主要取决于环境条件,以及工业机器人运行时数和温度。工业机器人测量系统电池是不可充电的一次性电池,只在工业机器人控制柜外部电源断电的情况下才工作,使用寿命大约为 7 000 小时。另外,要定期检查工业机器人控制柜的散热情况,确保工业机器人控制柜没有被塑料或其他材料覆盖,工业机器人控制柜周围有足够的间隙,并且远离热源,工业机器人控制柜顶部无杂物堆放,散热风扇正常工作,散热风扇进出口无堵塞现象。冷却器回路一般为免维护密闭系统,需按要求定期检查和清洁外部空气回路的各个部件,且当环境湿度较大时,需检查排水口是否定期排水。

2) 工业机器人本体的维护保养

对工业机器人本体而言,维护保养的主要内容是工业机械手底座和手臂的定期清洗、工业机械手的外围检查、工业机器人的轴制动测试。

(1) 工业机械手底座和手臂定期清洗。

若使用溶剂,则应避免使用丙酮等强溶剂。可以使用高压清洗设备,但应避免直接向工业机械手喷射。为了防止静电,不能使用干抹布擦拭。如有必要,可清洗中空手腕,以避免灰尘和颗粒物堆积。宜用不起毛的布料清洁。工业机械手清洁好后可在手腕表面添加少量凡士林或类似物质,以方便以后的清洗。

（2）工业机械手的外围检查。

工业机械手外围检查的内容包括：检查各螺栓是否有松动、滑丝现象；检查易松动脱离部位是否正常；检查变速功能是否齐全，操作系统安全保护、保险装置等是否灵活、可靠；检查工业机械手有无腐蚀、碰砸、拉离、漏油、漏水、漏电等现象，周围地面是否清洁，无油污、杂物等；检查工业机械手润滑情况，并定时定点加入定质定量的润滑油。

（3）工业机器人的轴制动测试。

工业机器人轴制动测试的目的是确定制动器是否能正常工作，因为在操作过程中，每个轴电机制动器都会有磨损，必须进行测试。测试方法如下：①运行工业机械手轴至相应位置，在该位置工业机械手臂总重及所有负载量达到最大值（最大静态负载）；②马达断电；③检查所有轴是否维持在原位。若马达断电时工业机械手仍没有改变位置，则说明制动力矩足够。还可移动工业机械手，检查是否还需进一步采取保护措施。当移动中的工业机器人紧急停止时，制动器会帮助它停止，因此可能产生磨损。因此，在工业机器人使用寿命期间需要反复测试，以检验工业机器人是否维持着原来的能力。

为了让工业机器人能更好地服务于企业，需按照列出的点检内容进行点检。点检保养工作要保证正确无误，并且在点检表中记录点检的结果。所有点检表应交由资产管理员保存，以备随时查阅。点检排配如图 1-3 所示，工业机器人日点检表如表 1-1 所示，工业机器人季度点检表如表 1-2 所示，工业机器人年度点检表如表 1-3 所示。

操作员 日点检 → 技术员 季度点检 → 资产管理员 年度点检

图 1-3 点检排配

表 1-1 工业机器人日点检表

序号	点检内容	签名
1	检查工业机器人本体油污、粉尘是否已清理	
2	检查工业机器人本体有没有不正常的响声和异常抖动	
3	检查工业机器人是否有润滑油漏出	
4	检查电控箱油污、粉尘是否已清理	
5	确认电控箱外部各连接插头是否都完好	
6	确认电控箱上各按钮是否完整并能正确使用	
7	确认与工业机器人本体连接的插头是否固定、完好	
8	确认与工业机器人本体连接的电缆线有无破损	
9	确认电控箱外部各信号指示灯是否完好	
10	确认工业机器人示教器各按钮是否完好、能否正常使用	
11	确认电控箱风扇运转是否正常	

表 1-2 工业机器人季度点检表

序号	点检内容	签名
1	检查马达的磨损情况	
2	检查减速机的噪声及磨损情况	

序号	点检内容	签名
3	检查同步带的磨损及松紧状况	
4	检查工业机器人本体航插的插件及插针是否完好无损	
5	检查工业机器人本体各轴防撞块及气管接头有无磨损	
6	检查工业机器人本体回归原点是否正确	
7	检查工业机器人本体各盖板及罩壳是否完好无损	
8	检查工业机器人本体各轴马达连接器连接是否正确、有无磨损	
9	检查各轴马达固定螺丝是否有松动或滑牙现象	
10	检查各轴马达线材接头是否有松动现象	
11	检查轴承的磨损及噪声状况	
12	确认电控箱脚杯是否缺失及其缺失数量	
13	检查电控箱散热风扇的油污、铁屑、杂质是否已清理	
14	确认电控箱散热风扇防护盖是否损坏	
15	确认电控箱散热风扇防尘网是否已更换	
16	确认电控箱的空气过滤器是否已更换	
17	检查电控箱门锁是否松动、能否正常使用	
18	确认与工业机器人本体相连的连接器插针是否有松动现象	
19	确认电控箱电源线是否有破损	
20	确认电控箱内部各硬件的油污、粉尘、铁屑是否已清理	
21	确认电控箱内部各种电缆线头和螺丝是否松动	
22	确认电控箱内部各控制板的固定是否牢固	
23	确认工控机各接头插件的连接是否良好	
24	确认各安全接地线的连接是否良好	
25	确认各硬件固定螺丝是否有松动现象	
26	确认工业机器人示教器荧幕是否松动、是否有进油	

表 1-3　工业机器人年度点检表

序号	点检内容	签名
1	检查工业机器人本体各轴法兰固定螺丝是否有松动	
2	检查同步带的磨损及松紧状况	
3	检查润滑脂、润滑油的损耗状况	
4	检查各轴马达线材接头是否有松动现象	
5	检查在运行时各轴及整机的噪声及振动状况	
6	检查在运行及停机时各轴的精度与间隙	
7	确认电控箱门板是否松动	
8	确认电控箱门内部防尘封条是否脱落	
9	确认内部线槽盖是否完整、安装是否整齐	

续表

序号	点检内容	签名
10	确认工控机的固定是否牢固	
11	确认各压接端子有无松动现象	

1.2.3 任务实施

根据本任务相关知识,结合实训设备,制作本校区工业机器人及工业机器人周边设备的日点检表、季度点检表和年度点检表。

1.2.4 知识扩展

1. 设备点检管理的目的

(1) 使设备处于监控状态,掌握设备的运行状况,防止突发故障的发生,最大限度地使用设备零部件,保证产品质量,保证生产的顺利进行。

(2) 对设备实行计划维修制,使设备维修与生产相结合,提高设备的效率,保证生产正常进行。

(3) 对设备进行维护保养,延长设备的使用寿命。

(4) 使员工通过设备点检活动了解设备的结构,提高员工对设备的保养技能和操作技能,培养员工爱护设备的热情,从而实现设备全员管理。

2. 设备日点检五个步骤

(1) 日点检表的制订:对设备进行科学分析,确定设备老化和可能发生故障的部位,以及检查和保养的项目、方法、责任人。

(2) 点检的实施:要求日点检人员根据日点检表中的内容,在规定的时间对设备进行检查和保养,并按规定的要求在日点检表上做好记录。

(3) 点检结果的统计、分析:每月月底,资产管理员将本月的日点检表回收并下发下个月的日点检表,然后对回收的日点检表中的问题点进行统计、分析,并对日点检表不完善的地方提出改善方案,然后上报。

(4) 维修计划的制订:设备主管部门对收集到的问题点进行确认,制订维修方案,需订购物品的制订订购计划,然后根据生产单位的生产情况制订维修计划。

(5) 设备的维修:设备维修人员根据维修计划,排除设备隐患,恢复设备性能,然后将设备交付现场使用。

3. 日点检的基本原则

(1) 按日点检表的项目逐项检查、逐项确认。

(2) 按规定符号填写日点检表。

(3) 对有劣化倾向的部位要做好记录并注意观察,以便适时进行维修。

(4) 每月要对日点检表中的问题点进行统计,并上报到设备主管部门,以便制订维修计划,对设备进行计划维修。

日点检作业活动是设备点检的基础作业,是防止设备劣化、维护保养设备的重要方法。生产岗位操作工(或岗位维修工)根据点检标准在开展日点检作业活动前先编制好日点检作业卡或周点检作业卡,按照已定的点检路线和作业卡的内容去逐项进行点检作业。

1.2.5　任务小结

本任务通过对机械设备保养制度的原则和要求进行讲解,引导学生对本校区工业机器人及工业机器人周边实训设备进行了解,进而掌握整个实训室的设备运行状况,并根据设备运行状况制作各类点检表。

◀ 1.3　工业机器人维护保养常用工具 ▶

工具原指工作时所需用的器具,后引申为达到目的、完成或促进某一事物的手段。工具是一个相对的概念,因为工具不是一个具体的物质,能使物质发生改变的物质,相对于那个能被它改变的物质而言就是工具。

工具是参与完成创新活动的重要手段之一,选择合适的工具会使创新活动的效率更高,甚至会达到倍增的效果。创新活动反过来又对工具的改进和产生对新工具的需求起着强大的推动作用。

1.3.1　任务目标与要求

通过对本校区实训设备的了解,熟悉设备维护保养常用工具,掌握工业机器人本体与控制柜维护的专用工具并熟悉它们的使用方法,以便在今后的工作中能够独立对维护保养工具进行选型和购买维护保养工具。

1.3.2　任务相关知识

1. 设备维护保养常用工具和特殊工具

1) 常用工具

设备维护保养常用工具有扳手、螺丝刀、电流表、万用表、斜口钳、剥线钳、压线钳和六角扳手,如图1-4所示。

2) 特殊工具

(1) 力矩扳手。

力矩扳手又叫扭矩扳手、扭力扳手、扭矩可调扳手,是扳手中的一种。它一般分为两类:电动力矩扳手和手动力矩扳手。力矩扳手如图1-5所示。

使用方法:①所选用的力矩扳手的开口尺寸必须与螺栓或螺母的尺寸相符合,力矩扳手开口过大易滑脱并损伤螺栓或螺母的六角。在进口汽车维修中,应注意力矩扳手公英制的选择。②为防止力矩扳手损坏和滑脱,应使拉力作用在开口较厚的一边,这一点对受力较大的力矩扳手尤其应该注意,以防开口出现"八"字形,损坏螺栓或螺母和力矩扳手。③力矩扳手是按人手的力量设计的,遇到较紧的螺纹连接件时,不能用锤击打力矩扳手。力矩扳手不能套装加力杆,以防损坏力矩扳手或螺纹连接件。④力矩扳手使用时,当听到"啪"的一声时,扭矩是最合适的。

(2) 梅花内六角扳手。

梅花内六角扳手通过扭矩施加对螺丝的作用力,大大降低了使用者的用力强度,是工业制造业中不可或缺的得力工具,如图1-6所示。

使用方法:①将梅花内六角扳手工作端放在螺丝的内六角槽内,顺时针紧固螺丝,逆时针松

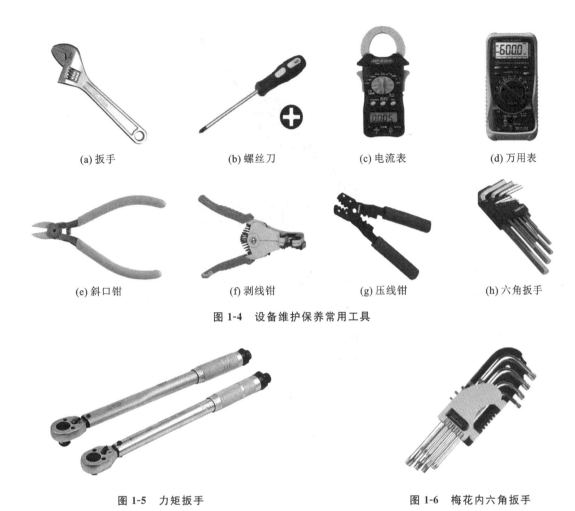

(a) 扳手　　　　　　　(b) 螺丝刀　　　　　　　(c) 电流表　　　　　　　(d) 万用表

(e) 斜口钳　　　　　　(f) 剥线钳　　　　　　　(g) 压线钳　　　　　　　(h) 六角扳手

图 1-4　设备维护保养常用工具

图 1-5　力矩扳手　　　　　　　　　　　　　　图 1-6　梅花内六角扳手

动螺丝;②不能将公制梅花内六角扳手用于英制螺丝,也不能将英制梅花内六角扳手用于公制螺丝,以免造成打滑而伤及使用者;③不能在梅花内六角扳手的尾端加接套管延长力臂,以防损坏梅花内六角扳手;④不能用钢锤敲击梅花内六角扳手,在冲载荷作用下,梅花内六角扳手极易损坏。

（3）拔销器。

拔销器是专门用来拔掉定位销的工具,如图 1-7 所示。拔销器的一头可以和销子连接,另一头带有可移动的重锤,拔销器利用移动重锤产生的冲击力来拔出定位销。

使用方法:①用带有外螺纹的快速接头与能与该接头相配合的铰接销内螺纹(支架部件铰接销孔的螺纹不尽相同,选用快速接头,加工出不同型号的螺纹)连接;②将滑块放入滑杆,用相配套的螺母固定滑杆的另一端,用双股棕绳分别穿过滑块两边对称焊接的耳朵(另外对称的两个耳朵备用);③操作人员分别站在两边,同时向外用力拉滑块,使滑块在滑杆上来回滑动,不断循环撞击螺母,铰接销快速被拔出。

2. 工业机器人本体维护用的工具

除了电工常备的常规工具及仪表以外,不同品牌工业机器人本体维护用工具的规格型号是不一样的,需提前做好资料查阅,做好作业前准备。表 1-4 中是 ABB 工业机器人本体维护时一定会用到的工具。

图 1-7　拔销器

表 1-4　ABB 工业机器人本体维护用工具清单

名称	图片	规格
内六角加长球头扳手		9 件,包括 1.5 mm、2 mm、2.5 mm、3 mm、4 mm、5 mm、6 mm、8 mm、10 mm
星形加长扳手		9 件,包括 T10、T15、T20、T25、T27、T30、T40、T45、T50
力矩扳手		0～60 N·m,1/2 的棘轮头
塑料槌		25 mm、30 mm
剪钳		5 寸(即 $\frac{5}{30}$ m)
带球头的 T 形手柄		3 mm、4 mm、5 mm、6 mm、8 mm、10 mm

名称	图片	规格
尖嘴钳		6 寸（即 0.2 m）

3. 工业机器人控制柜维护用的工具

除了电工常备的常规工具及仪表以外，在对工业机器人控制柜进行维护时一定还会用到表1-5 中的工具，所以在开始对工业机器人控制柜的维护作业前要准备好相应的工具。

表 1-5　工业机器人控制柜维护用工具清单

名称	图片	规格
星形螺丝刀	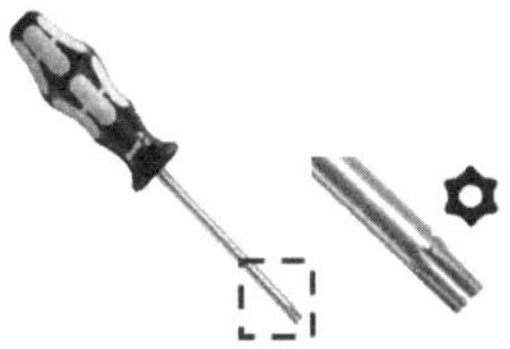	T10,T25
一字螺丝刀	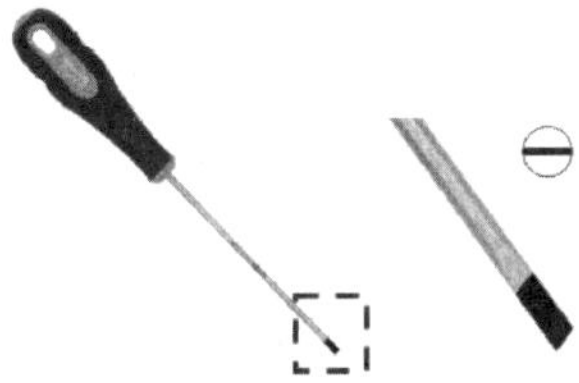	4 mm、8 mm、12 mm
套筒扳手	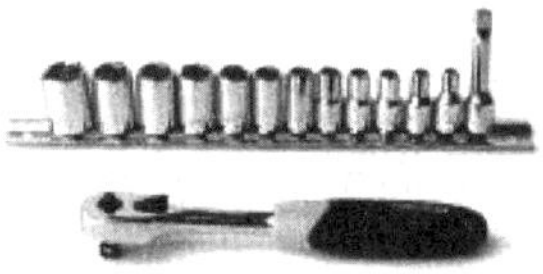	8 mm 系列
小型螺丝刀套装		一字,1.6 mm、2.0 mm、2.5 mm、3.0 mm；十字,PH0、PH1

1.3.3　任务实施

经过对以上知识的学习，可以通过网络（各大电商平台）或者实体店（×××机电市场、×××五金工具）进行本校区实训设备维护保养用工具清单表的制作，表格内容主要包括工具名称、工具型号、工具品牌、工具数量、工具单价以及工具供应商。

1.3.4 知识扩展

十大手动工具品牌如下。

1. 世达

世达(SATA)是美国 APEX 集团旗下中高档工具品牌,是套筒/扳手标准的制定者,是全球较大的工业手动和气动工具生产商。

世达工具(上海)有限公司隶属于美国 APEX 集团,负责世达工具在中国的销售,在上海浦东新区张江高科技开发园区设有 1 000 平方米办事机构。世达是特别为中国市场量身定制,满足中国市场对中高档工具产品需求的工具品牌。

目前,世达为中国市场提供专业的手动工具、电工电子工具、汽车维修工具、轮胎维修设备、气动工具、液压起重工具、个人安全防护用品等七大类别、超过 3 000 种规格的产品。世达工具广泛应用于工矿企业的生产线生产、设备维护维修、汽车维修及工业安装施工等领域。

世达采用高于美国 ANSI 标准、德国 DIN 标准和中国 GB 标准的 SATA 企业标准,严格执行质量管理流程,保障始终如一的专业级高品质,同时积极参与和推动中国 GB 标准的制定和更新。目前世达已经参与了套筒、扳手等 10 个以上品类的我国 GB 标准的制定和更新。世达专注于产品开发和技术革新,在中国拥有很多技术专利,每年都有创新的专利产品投入市场,为用户提供省力的专业工具。

世达秉承不断创新的精神,为各行业用户提供高品质的产品、合理的价格和完善的售后服务,同时为工具使用者提供了省力的工具体验和专业的全系列工具解决方案,获得了一致好评。

另外,世达在不断发展的同时,积极专注于公益事业,履行企业的社会责任。自 2006 年起,世达持续赞助中国教育事业,为我国多所职业院校提供教学用工具,并每年赞助职业教育技能大赛。2009 年 9 月,世达捐助的贵州省贵定县的世达希望小学落成,为山区孩子提供了宽敞明亮的校舍。

2. 史丹利

史丹利始建于 1843 年,是美国史丹利百得公司旗下品牌之一,是世界工具专家、国际上较大的紧固类工具制造商,提供五金工具/存储设备和安防系统的整体解决方案。

史丹利是一个世界性的、具有高度信赖感、高价值的全球品牌,拥有一百多年的品牌史,在世界工具领域处于不可动摇的地位。

1843 年,弗雷德里克·史丹利在美国康涅狄格州开创了史丹利公司的前身——一家专门制造铰链、门闩其他门窗五金产品的小作坊。从成立伊始,史丹利就是一家热衷于创造的公司,设计、发明了众多直到今天仍然被广泛使用的五金工具产品。特别是第一把钢卷尺的诞生,大大改变了人们的工作方式,为加速人类工业化进程起到不可磨灭的作用。如今,史丹利的足迹遍布全球。

如今,史丹利在美国、欧洲、加拿大、澳大利亚、远东地区和拉丁美洲都有非常深厚的品牌底蕴。史丹利不断为整个工业市场提供了手动工具新产品,销售网络遍布多个国家和地区,产品适合各种类型工业用户,成为名副其实的世界工具专家。

2011 年 9 月,史丹利推出了电动工具系列产品,并提出省力又省"利"的口号,力争在电动工具新领域开创新的里程碑,延续史丹利在手动工具领域的辉煌。

3. 易尔拓

易尔拓(YATO)是 TOYA 集团旗下高品质工具品牌,主营手动工具与电动工具,是在世界范围内享有高美誉度的手动工具与电动工具生产商与经销商。

为了更好地促进易尔拓在全球的销售,TOYA 集团于 2008 年在东方大都市上海设立分公司——易尔拓工具(上海)有限公司。

易尔拓发展策略精确,成为集团创造高价值并取得高度信赖的保证,坚持不懈地开发新型产品,为集团不断地赢取新的市场奠定了可持续发展的基础。

易尔拓工具(上海)有限公司坐落于上海浦东康桥工业区,拥有仓储面积 9 000 余平方米。在融入中国市场的过程中,易尔拓人勇于接受挑战,于 2010 年 1 月顺利通过 ISO 9001 认证,为进一步拓展中国业务打下坚实基础。目前易尔拓工具(上海)有限公司在全国重点城市建立多家代理机构,致力于为广大使用者提供最优质的服务。易尔拓品牌工具规格齐全,美观耐用,在近年国内外的品牌推广以及产品展示中,以独特风格和高效的操作方式,从众多品牌中脱颖而出。

易尔拓品牌工具秉承"欧洲性价比好的工具"理念,贯彻欧洲研发水准,尊重消费者使用习惯,在满足消费者基本需求的同时,不断开发市场潜力,推出新品,提供更高效、更便捷的产品,让消费者领略来自欧洲国家的魅力。

4. 捷科

上海捷科工具有限公司(简称捷科)始建于 1999 年,是知名手动工具制造企业,主推螺丝刀、内六角扳手等大类产品,是集产品设计、生产、包装、质量检验、销售于一体的工具制造企业。

捷科生产和销售十余种大类产品,近 2 000 种小类产品,申请并通过捷科专利多项,其中螺丝刀、内六角扳手等大类产品在国内市场拥有绝对优势。

在国外,捷科产品远销至多个国家,其中 80% 以上是捷科自有品牌,尤其是在俄罗斯、印度尼西亚、迪拜及东欧的一些国家和地区,捷科拥有强大的品牌优势。

在国内,捷科成立了多家分公司。各分公司均以品牌为核心,团结协作,为捷科产品的成功销售奠定了坚实的基础。

捷科的优势如下。

质量:从产品设计、生产、包装到质量检验,每个环节都严格按照国际标准进行,制造高品质产品的宗旨贯穿整个生产过程。

价格:捷科产品的质量已经达到知名品牌产品的质量标准,但是由于整个生产过程都在中国,可以比较好地控制成本,故价格仅仅是知名品牌的 1/2～2/3。

服务:由于对产品质量的充分把握,捷科产品享有"终身保用"的服务,让经销商及终端用户都在较大程度上对捷科产品拥有充分的信心。

5. 长城精工

宁波长城精工实业有限公司(简称长城精工)成立于 1984 年 8 月,是中国五金工具行业的龙头企业。长城精工诞生于中国改革开放之初,在巨浪滔天的市场搏击中成长,在古老悠久的文明熏陶中成熟,慢慢在这片辽阔的中华大地上扎下深深的根基,舒展着蓬勃的生命,被誉为中国五金工具业的骄傲。

长城精工紧随科技发展,不断推出优质产品,历经几十载拼搏,开发了双色涂脂钢卷尺、水平尺、PVC 尺、活动扳手等共计 200 多个种类 2 000 余个规格的系列手动工具。

长城精工坚守着朱文江先生倡导的"以振兴民族工业为己任,为民族工业的崛起而奋斗""中国人要有自己的民族品牌"的抱负和理想,并将这种抱负和理想融化为指引长城精工发展的企业文化核心,以企业创新为推动力,以服务社会为使命,为构筑世界品牌、铸就百年老厂的共同目标而奋斗着。

6. 钢盾

杭州巨星钢盾工具有限公司是国内五金工具行业上市企业杭州巨星科技股份有限公司的控股子公司,专业从事五金工具的研发、生产和销售。杭州巨星科技股份有限公司是在全球范围内具有重要影响力的工具产销企业,是欧美众多工业用户的专业级工具供应商,在杭州经济技术开发区、杭州江干科技园、浙江海宁经济开发区有多个生产基地。

杭州巨星钢盾工具有限公司依托杭州巨星科技股份有限公司资源优势,开拓国内市场,旗下自主品牌钢盾是服务于国内高中端市场的工具品牌,提供由产品供应到工具配套解决方案的优质服务。

杭州巨星钢盾工具有限公司拥有强大的研发能力,每年有数百种专利产品和新产品上市。2011年,杭州巨星钢盾工具有限公司中心实验室顺利通过中国合格评定国家认可委员会(CNAS)的严格审查,公司品控能力成为行业标杆。钢盾各质量指标均达到或超过美国 ANSI标准、德国 DIN 标准和中国 GB 标准,让用户尽享高品质产品带来的精彩体验。

杭州巨星钢盾工具有限公司始终专注于建立完善的产品线以及产品线的延伸,目前产品已涵盖机工类工具、汽保机修专用工具、电子电工类工具、工具包、箱、车等18个大类,力求为机械制造、汽车维修保养、轨道交通、航空、石化、电力、煤矿等行业提供一站式购足的服务。

7. 宝工

宝工实业股份有限公司(简称宝工)始建于1991年中国台湾,是知名五金工具产销企业,以专业手工具起家,从事手动工具、电动工具、焊接工具以及测试仪表等产品的制造,它生产的万用表知名度很高。

宝工在上海设有全球仓储中心,在深圳成立了中国地区经营销售中心。除了经营全球市场外,宝工更深耕国内学生市场,为老师与学生提供各种优质工具,提升了教学与学习的效率与安全性。

8. 田岛

上海田岛工具有限公司(简称田岛)是专业从事玻璃纤维卷尺、美工刀、螺丝刀、水平尺等产品研发和生产的工具和住宅设备制造商。

田岛创立于1995年3月,由日本较大的手动工具制造厂家田岛工具株式会社全额投资,坐落于上海。

目前田岛产品包括各类玻璃纤维卷尺、钢卷尺、美工刀、螺丝刀、水平尺等,并早在1999年就通过了 ISO 9000 质量体系认证。经过几年的不懈努力,田岛这一品牌在中国五金市场上享有很高的声誉。

随着中国改革开放的不断深入和受上海良好投资环境的吸引,在2000年日本田岛总公司追加投资建设上海田岛二期工程,2001年工程顺利竣工并投入生产运行,目前二期工程生产的高科技激光水准仪器正源源不断地返销日本。

9. 力易得

力易得创立于1998年,是德事隆集团旗下专业手动工具品牌、世界领先工矿企业维修工具的制造商和服务提供商。

德事隆集团旗下专业手动工具品牌力易得,有多年的工具研发、制造经验,提供全系列产品解决方案,终身保用,服务至上,产品价格更具竞争优势,同时满足多种产品定制要求。

力易得自1998年创立以来,专注于设计、生产、销售、配套手动工具,满足工矿企业、汽车维修、工程机械、建筑装潢、物业家居、工厂售后安装等行业对高品质专业级手动工具的需求,先后为国内外企业提供维修工具解决方案和配套服务。

力易得秉承不断创新精神,设计、生产、销售超过 3 200 个产品,包括符合各类需求的套装工具、套筒及配件、工具箱、工具车、扳手、螺丝刀、旋具头、钳子、内六角扳手、扭力扳手、绝缘工具、气动工具、台钳夹具、精密量具、刃具、磨具磨料、焊接工具、建筑工具、剪切工具、管道工具、防爆工具、液压工具、电子工具、防静电工具、敲击工具、起重工具、汽保专用工具、个人安全防护用品等。

力易得所有产品均严格按照国际认证标准和中国国家标准要求制造,优质耐用。依托德事隆集团这一实力雄厚的工业集团、格林利公司强大的国际销售网络和丰富的管理技术经验,以及力易得本身成熟的经营理念、广阔的销售渠道、丰富的供应链资源,力易得为客户提供了更广泛的专业解决方案。

10. 凯尼派克

凯尼派克始建于 1882 年德国,致力于钳子的研究和开发,被称为钳子专家。

凯尼派克位于德国伍珀塔尔工业重镇,拥有锻模、锻造、精磨、抛光、包装等在内的所有生产流程,每一件产品都严格按照凯尼派克的品质要求进行生产。

凯尼派克工具(上海)有限公司是德国凯尼派克的中国子公司,负责凯尼派克及其姐妹公司兰士德两大品牌在中国的销售,并从 2008 年开始成为德国 WITTE 公司在中国的代理商,在技术服务、产品培训、市场开拓和后勤保障等方面与国内的分销商和经销商保持着良好的合作,在工具市场占据着较高的市场份额。

凯尼派克主要产品有剥线/压线工具、电子钳、绝缘钳、绝缘扳手、绝缘套筒、绝缘螺丝刀、防静电钳、钳工工具、绝缘套装、切管器。

1.3.5 任务小结

本任务通过对认识工业机器人维护保养工具的学习,使学生能够区分工业机器人本体与工业机器人控制柜维护的专用工具,并学会熟练使用本任务中的工具,进而能在今后从事本岗位工作时正确选用和购买各种工具。

◀ 1.4 工业机器人维护保养安全 ▶

"安全第一"是安全生产方针的基础,当安全和生产产生矛盾时,必须先解决安全问题,保证劳动者在安全生产的条件下进行生产劳动。只有在保证安全的前提下,生产才能正常地进行,才能充分发挥劳动者的生产积极性,提高劳动生产率,促进我国经济建设的发展和保持社会的稳定。

"预防为主"是安全生产方针的核心和具体体现,是实施安全生产的根本途径。

安全工作千千万,必须始终将"预防"作为主要任务予以统筹考虑。除了自然灾害造成的事故以外,任何建筑施工、工业生产事故都是可以预防的。关键之关键在于,必须将工作的立足点纳入"预防为主"的轨道。"防患于未然",应尽量把可能导致事故发生的所有机理或因素,消除在事故发生之前。

安全与生产之间的关系是辩证统一的:生产必须安全,安全促进生产。

生产必须安全,就是说,在施工作业过程中,必须尽一切所能为劳动者创造安全卫生的劳动条件,积极克服生产中的安全、不卫生因素,防止伤亡事故和职业性毒害的发生,使劳动者在安全、卫生的条件下顺利地进行生产劳动。

安全促进生产,就是说,安全工作必须紧紧地围绕生产活动来进行,不仅要保障劳动者的生命安全和身体健康,而且要促进生产的发展。离开安全,生产工作就毫无实际意义。

1.4.1　任务目标与要求

通过学习,熟悉点检与保养时的安全事项,了解维护保养作业的安全事项并能够认识和理解工业机器人的安全标志与操作提示,掌握工业机器人的安全作业关键事项。

1.4.2　任务相关知识

1. 点检与保养时的安全事项

为了防止工业机器人发生故障,应严格按照相关条款进行工业机器人的清洁、检查、维护或部件更换。

1）危险警示

（1）在点检与保养前,应确认所有的紧急停止开关功能正常。

（2）在完成点检和保养工作后,应确认安全装置、周边设备、联锁线路等工作正常。

（3）不可使用非自动化工业机器人指定的电池。

（4）不可拆开、交换和加热电池,不可向电池充电。

（5）不可把电池丢在水中和火中。

（6）不可使用表面损坏的电池（电池内部可能短路）。

（7）不可用金属,如电源线等短路电池的正负极。

2）安全事项

（1）操作前,应查阅和理解工业机器人的所有手册、规格说明和自动化工业机器人相关文件。另外,应完全理解操作、示教、维护等过程。同时,应确认所有安全措施到位并有效。

（2）只有经过相关培训的人员才可以进行点检和保养作业。

（3）在点检和保养前,清理不必要的物品。

（4）进行点检和保养作业前,应确认工业机器人周围具备足够的空间,以免与周边设备发生干涉,同时将周边设备置于固定状态,确保周边设备不会突然运动。

（5）进入工业机器人的护栏前,应按照工作需要切断工业机器人的电源,并放置清晰的标示牌,以免有人误开电源。

（6）当进行联锁信号线路点检和保养时,应关闭所有关联设备的电源,以确保安全。在进行此项工作期间,不得进入安全护栏内。

（7）在点检和保养过程中,不可避免地需要拆除护栏,拆除护栏时应提供足够的安全措施,把工业机器人和周边设备停在安全的位置。

（8）在点检和保养完成后,必须请另外一位经过相关培训的人员检查,确认没有任何不正常的情况后,才允许运行工业机器人。

（9）工业机器人本体里面安装了电池,如果使用错误的电池,则会导致燃烧、过热、爆炸、腐蚀、漏液等情况发生。

2. 维修作业时的安全事项

进行维修时,应严格遵守工业机器人安全条例,并且在出现故障时,详细了解工业机器人型号、电控箱编号、本体编号、软体版本等,并反馈给相关人员。

1）危险警示

（1）在维修前,应确认所有的紧急停止开关功能正常。

（2）在维修前,必须对工业机器人进行放空处理。

（3）维修时必须严格执行断电挂牌制度。

（4）在防爆区域进行维修时,注意防火防爆,安全使用防爆工具。

（5）拆卸工业机器人时,拆卸力量应均匀,避免用力过大而造成碰伤等现象。

（6）交叉作业时要勤于观察,以防物体坠落伤人。

（7）拆卸工业机器人时,应按顺序进行,对拆卸件的相对位置做出标记和记录,并妥善保管。

2）安全事项

（1）操作前,应查阅和理解工业机器人的所有手册、规格说明和自动化工业机器人相关文件。另外,应完全理解操作、示教、维护等过程。同时,应确认所有安全措施到位并有效。

（2）进入安全护栏前,应确认所有必要的安全措施都已经准备好并且功能良好。

（3）进入安全护栏前,应关闭一切电源,并放置清晰的标示牌。

（4）在进行维修作业前,应确认工业机器人周围具有足够的空间,以免与周边设备发生干涉,同时将周边设备置于固定状态,防止出现突发的异常。

（5）进入安全护栏前,务必关闭自动运行功能。如果工业机器人出现任何异常动作,则应立即按下紧急停止开关。

（6）操作中,操作者必须时刻注意观察异常动作、可能碰撞点及周围设备。

（7）更换备品时,应确认备品的规格型号并正确安装。

（8）在拆除任何关节轴的伺服马达前,应用合适的提升装置支承好工业机器人的手臂,拆除马达时该轴刹车机构将会失效,如果没有可靠的支承,工业机器人的手臂将会下坠。请注意,手动松开任何一个轴的刹车,都会出现同样的危险。

（9）在更换备品的开始阶段,检查并记录下它们的位置、安装方式、设置等,以便恢复它的初始状态。连接器连接好后,必须确保连接器锁紧结构牢靠地锁紧。另外,不要触摸连接器的插针。

3. 认识和理解安全标志与操作提示标志

1）在工业机器人及其控制柜上出现的安全标志

表 1-6 中的安全标志与人身和工业机器人使用安全直接相关,务必熟知。

表 1-6　工业机器人及其控制柜上的安全标志介绍

图示	说明
	危险标志,警告如果不依照说明操作,就会发生事故,并导致严重或致命的人员伤害和/或严重的产品损坏。该标志适用于以下险情:碰触高压电气装置、爆炸、火灾、有毒气体、压轧、撞击和从高处跌落等
	警告标志,警告如果不依照说明操作,可能会发生事故,造成严重的伤害(可能致命)和/或重大的产品损坏。该标志适用于以下险情:触碰高压电气单元、爆炸、火灾、吸入有毒气体、挤压、撞击、高空坠落等

续表

图示	说明
	电击标志,是针对可能会导致严重的人身伤害或死亡的电气危险的警告
	小心标志,警告如果不依照说明操作,可能会发生能造成伤害和/或产品损坏的事故。该标志适用于以下险情:灼伤、眼部伤害、皮肤伤害、听力损伤、挤压、滑倒、跌倒、撞击、高空坠落等。此外,它还适用于某些涉及功能要求的警告消息,即在装配和移除设备过程中出现有可能损坏产品或引起产品故障的情况时,就会采用这一标志
	静电放电(ESD)标志,是针对可能会导致严重产品损坏的电气危险的警告。在看到此标志时,在作业前要进行释放人体静电的操作,最好能戴上静电手环并可靠接地后才开始相关的操作
	注意标志,用于描述重要的事实和条件。一定要重视相关的说明

2)在工业机器人本体和控制柜上的操作提示标志

在对工业机器人进行任何操作时,必须熟知工业机器人上的安全和健康标志。此外,还需熟知系统构建方或集成方提供的补充信息。这些信息对所有操作工业机器人系统的人员来说非常有用,工业机器人本体和控制柜上的操作提示标志介绍如表1-7所示。

表1-7　工业机器人本体和控制柜上的操作提示标志介绍

图示	说明
	禁止标志,此标志要与其他标志组合使用才代表具体的意思
	请参阅用户文档标志,提示用户阅读用户文档,了解详细信息
	在拆卸之前,参阅产品手册
	不得拆卸标志,绝对不能拆卸有此标志提示的工业机器人部件,否则会导致对人身的严重伤害
	旋转更大标志,此轴的旋转范围(工作区域)大于标准范围。一般用于大型工业机器人(如 IRB 6700 工业机器人)轴1旋转范围的扩大

图示	说明
	制动闸释放标志,按此标志将会释放工业机器人对应轴电机的制动闸。特别是在释放轴 2、轴 3 和轴 5 时要注意工业机器人对应轴因为地球引力的作用而向下失控的运动
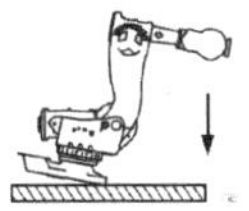	倾翻风险标志,如果固定工业机器人底座用的螺栓没有在地面牢靠地固定或有松动,那就可能造成工业机器人的翻倒,所以要将工业机器人固定好并定期检查螺栓的松紧情况
	倾翻风险标志,如果固定 SCARA 工业机器人底座用的螺栓没有在地面牢靠地固定或有松动,那就可能造成工业机器人的翻倒,所以要将工业机器人固定好并定期检查螺栓的松紧情况
	小心被挤压标志,此标志处有人身被挤压伤害的风险,应格外小心
	高温标志,由于此标志处长期和高负荷运行,部件表面的高温存在可能导致灼伤的风险
	注意标志,提示工业机器人可能会意外移动
	注意标志,提示工业机器人可能会意外移动
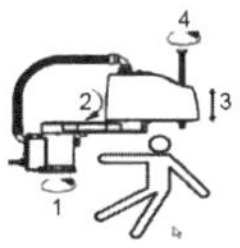	注意标志,提示工业机器人可能会意外移动
	储能部件标志,警告此部件蕴含储能,不得拆卸。此标志一般会与不得拆卸标志一起使用
	不得踩踏标志,警告如果踩踏此标志处的部件,会造成工业机器人部件的损坏

图示	说明
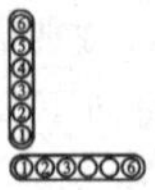	表示制动闸释放按钮,点击对应编号的按钮,对应的电机抱闸会打开
	表示制动闸释放按钮,点击对应编号的按钮,对应的电机抱闸会打开
	表示带缩短器的吊货链
	工业机器人提升标志,该标志用于对工业机器人的提升和搬运提示
	加注润滑油标志,如果不允许使用润滑油,则可与禁止标志一起使用
	机械限位标志,起到定位作用或限位作用
	无机械限位标志,表示没有机械限位
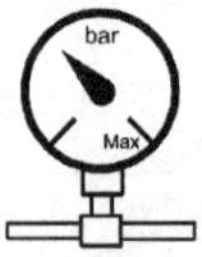	压力标志,警告此部件承受了压力。该标志通常另外印有文字,标明压力大小
	表示使用手柄关闭使用控制柜上的电源开关
	工业机器人序列号标志
	阅读手册标志,提示阅读用户手册,了解详细信息

4. 工业机器人的安全作业关键事项

1) 轴电机制动闸的安全事项

工业机器人本体各轴都非常沉重,每一个轴电机都会配置制动闸,用以在工业机器人本体处于非运行状态时对轴电机进行制动。因没有连接制动闸、连接错误、制动闸损坏或其他故障导致制动闸无法使用,都会产生危险。例如,六轴工业机器人(见图 1-8)轴 2、轴 3 和轴 5 的制动闸出问题,很容易造成对应的轴臂产生跌落运动。因此,应该对所有轴的制动闸性能进行检查。当工业机器人处于静止状态下发生轴非正常的跌落时,应该马上停止使用工业机器人并进行检修。

2) 控制柜的带电情况说明

(1) 即使在主电源开关关闭的情况下,工业机器人控制柜里部分器件也是带电的,有可能会造成人身的伤害,在检修时要格外注意。

(2) 打开工业机器人控制柜柜门,就可以看到左侧的电机 ON 端子。电机的 ON 端子即使在主电源开关关闭时也带电,在检修时要格外注意。

在进行工业机器人控制柜检修时,应按照以下步骤进行操作:步骤 1,关闭工业机器人控制柜上一级的断路器;步骤 2,使用万用表检测各个裸露端子,确保所有端子之间不带电。

工业机器人控制柜后侧端子图如图 1-9 所示,左侧端子图如图 1-10 所示。

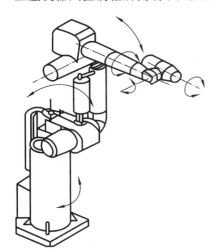

图 1-8　六轴工业机器人简图

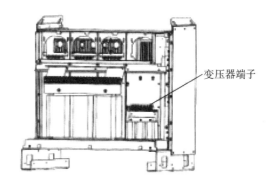

图 1-9　工业机器人控制柜后侧端子图

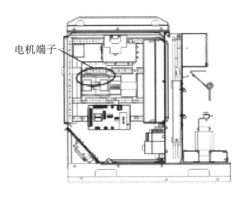

图 1-10　工业机器人控制柜左侧端子图

3）消除人体静电，防止对工业机器人电气元件的损坏

静电放电是指电势不同的两个物体间的静电传导，静电可以通过直接接触传导，也可以通过感应电场传导。搬运部件或装有部件的容器时，未接地的人员可能会传导大量的静电。这一放电过程可能会损坏灵敏的电子装置。

在天气干燥寒冷的时候，人体特别容易积累静电。若在这个时候进行工业机器人本体与控制柜的检修工作，人体与电气元件之间就会发生静电放电。

一般情况下，要进行以下操作，以消除人身上的静电。

（1）用手接触触摸式静电消除器，去除人身上的静电，如图 1-11 所示。

（2）将工业机器人控制柜上的静电手环套在手上，如图 1-12 所示。

图 1-11　用手接触触摸式静电消除器　　　图 1-12　将工业机器人控制柜上的静电手环套在手上

4）发热部件可能会造成的灼伤

在正常运行期间，工业机器人部件会发热，尤其是驱动电机和齿轮箱。在某些时候，这些部件周围的温度也会很高。触摸它们可能会造成不同程度的灼伤。环境温度越高，工业机器人的表面越容易变热，从而造成灼伤的可能性也越大。在工业机器人控制柜中，驱动部件的温度可能会很高。

（1）在实际触摸之前，务必使用测温工具对组件进行温度检测确认。

（2）如果要拆卸可能会发热的组件，应等到它冷却，或者采用其他方式处理。

1.4.3　任务实施

经过对以上知识的学习，结合本校区工业机器人实训室真实情况，用文档的形式整理出工业机器人实训室的安全使用事项（文档内容包括使用安全、用电安全等）。

1.4.4　知识扩展

1. 工业机器人安全问题

2017 年，北美领先的机器人贸易组织机器人工业协会（RIA）同美国职业安全与健康管理局（OSHA）、美国国家职业安全卫生研究所（NIOSH）建立了联盟伙伴关系。该联盟主要促进工业机器人安全相关问题的协商和解决。

2. 工业机器人安全事件频发

近年来，工业机器人开始进入新的工作环境，如轻工业、仓储物流以及农业。经调查发现，

英国和美国 94％的企业表示，它们已经接受工业机器人，或认为未来工业机器人不可或缺。

从广义上讲，主要有两类工业机器人正在进入劳动力市场：传统工业机器人和协作工业机器人。

前者是诞生于 20 世纪 60 年代初的庞然大物，它们以单向的方式与人类进行交互——操作指令输入，传统工业机器人执行指令。相比之下，协作工业机器人被设计成与人类在同一空间工作，执行机械任务，并对周围发生的事情做出反应。

OSHA 一项事故报告显示，自 1984 年至 2017 年底，累计发生了 38 起与工业机器人相关的事故。在 38 起事件中，有 27 起导致工人死亡。这些事故均涉及传统工业机器人，其中多数事故发生在维修期间，即工人不得不进入围栏内进行单元测试和故障查找时。

目前，业内还暂未听说涉及协作工业机器人的严重伤害事件，这可能与协作工业机器人本身的特性有关。与传统工业机器人相比，协作工业机器人不依赖以笼子进行简单隔离这一安全措施，而是使用力反馈装置、力传感器、3D 摄像机和激光雷达等实现与人类的安全互动。同时，协作工业机器人拥有轻量的机械臂和末端执行器，这样可降低人们在与它接触时受到严重伤害的风险。

3. 机器人行业主要涉及的安全规范

在市场上销售的机器人必须遵守设计与安全规范。涉及机器人行业的安全规范包括以下几项。

（1）IEC 61508-6：2010《电气/电子/可编程电子安全相关系统的功能安全 第 6 部分：IEC 61508-2 和 IEC 61508-3 的应用指南》。该标准是工业安全领域的通用标准，既可以用作编写细分领域安全标准的基础，也可以在没有专用安全标准的领域中直接应用。我国与之相对应的标准为 GB/T 20438.6—2017《电气/电子/可编程电子安全相关系统的功能安全 第 6 部分：GB/T 20438.2 和 GB/T 20438.3 的应用指南》。

（2）IEC 60204-1：2016《机械安全 机器电气设备 第 1 部分：一般要求》。该标准提出了安全停止的三大类别。

（3）IEC 61800-5-2：2007《调速电气传动系统 第 5-2 部分：安全要求 功能》。该标准主要针对安全编码器、安全伺服驱动器、伺服电机等提出功能安全要求。我国与之相对应的标准编号为 GB/T 12668.502—2013。

（4）ISO 10218-1：2011《工业环境用机器人 安全要求 第 1 部分：机器人》和 ISO 10218-2：2011《机器人与机器人装备 工业机器人的安全要求 第 2 部分：机器人系统与集成》。ISO 10218-1：2011 规定了机器人在设计和制造时应遵循的安全原则；ISO 10218-2：2011 规定了在机器人的集成应用、安装、功能测试、编程、操作、维护以及维修过程中，对人身安全的防护原则。

（5）2016 年 2 月，ISO 正式出版了 ISO/TS 15066：2016《在操作人员与机器人协作工作时，如何确保操作人员安全的技术指南》。该技术指南是专门针对协作机器人编写的，同时也是对 ISO 10218-1：2011 和 ISO 10218-2：2011 关于协作机器人操作内容的补充。另外，ISO/TS 15066：2016 也可以作为机器人系统集成商在安装协作机器人时做"风险评估"的指导性和综合性文件。

ISO/TS 15066：2016 为机器人行业解答了如何定义人机协作行为、如何量化机器人可能对人造成的伤害、在以上基础上对协作机器人的设计有什么要求等问题。

4. 机器人安全性能整体偏低

产品的总体安全性评价指标包括产品本身的安全等级、环境的限制条件以及人们对安全性的期望水平。同理，机器人自身通过了哪一等级的安全认证，使用者是否按照规范操作，人们是否充分认识并接受机器人的危险性,都是评价一个机器人系统是否安全时需要考虑的。

(1)各大机器人厂商生产的机器人都配备有各自的安全技术,但机器人安全功能本身还比较初级,如将物理的围栏换成了虚拟围栏、检测到有人靠近时自动停止运行,这些安全技术不算是完整的协作安全技术。

(2)通过 ISO/TS 15066:2016 认证的成本太高,从市场的逐利性来看不划算,除了欧美等大公司对安全性有硬性要求外,其他机器人企业就并不重视安全性。

(3)国内对机器人的功能性更为注重,而对机器人的安全性不太重视,即使机器人具备碰撞检测功能,那也只算是锦上添花而已。

(4)机器人的安全性不高还在于"人"的问题,国外的管理者自我保护意识很强,而国内中小型企业的管理者自我保护意识偏弱。

(5)国内做安全事务的人才大部分集中在航天、军事、自动化仪表等行业,而在机器人领域的比较少。

在多重因素的影响下,国内协作机器人在安全技术方面比较薄弱。

5. 安全＋智能＝未来机器人

"工业 4.0"的实现,智能化的发展,最终目的就是把操作工提升为工程师来管理更多的机器人,以创造更多的产能,而不是简单地用机器人取代人员。可以预见,人机协作的未来需要机器人自身在智能性和灵活性上有较大发展,具体表现在以下方面。

(1)采用主动的安全探测手段,如 3D 视觉检测手段、多线激光雷达检测手段等。

(2)拥有更高级的环境感知与决策算法,可以使用传感器来判断复杂环境下的人机关系,并做出符合要求的决策。

(3)使用更灵活的运动控制和关节制造技术。

技术上的进步势必会推动机器人安全性的提升,本质安全将是理想机器人必备且基础的特征。协作机器人最终将变成一个过渡概念,随着技术的发展,未来所有的机器人都应该具备与人类一起安全地协同工作的特性。

1.4.5 任务小结

通过对工业机器人维护保养知识的学习,为日后学习工业机器人故障诊断与维护打下基础。学生在动手实践中一定要严格遵守安全操作注意事项,以防出现意外情况。

◀ 项 目 总 结 ▶

本项目围绕工业机器人故障诊断与保养基础知识进行展开,从工业机器人的故障诊断技术发展趋势开始引入学习,介绍了工业机器人故障诊断技术的发展现状与发展趋势,使学生了解到工业机器人远程监控服务平台是目前急需的一项服务;介绍了机械设备保养的原则和要求及工业机器人的维护保养知识;介绍了工业机器人维护常用工具与专用工具的使用;介绍了工业机器人维护保养安全知识。

本项目重点要掌握的内容有:工业机器人本体维护专用工具的选型与使用;工业机器人控制柜维护专用工具的选型与使用。

◀ **思考与练习** ▶

一、单项选择题

1.从近几年工业机器人行业不断推出的新产品来看,工业机器人故障诊断技术正在向着( )、网络化、集成化和智能化的方向发展。

A.多样化　　　　B.标准化　　　　C.智能化　　　　D.远程化

2.下列不属于机械设备保养"十字"作业法中的是( )。

A.润滑　　　　　B.紧固　　　　　C.清扫　　　　　D.紧固

3.( )是电势不同的两个物体间的静电传导,静电可以通过直接接触传导,也可以通过感应电场传导。

A.EDS　　　　　B.ESD　　　　　C.EAD　　　　　D.EDA

4.在正常运行期间,工业机器人的很多部件都会发热,触摸它们可能会造成不同程度的灼伤。为了防止工业机器人部件温度过高,通常会采用( )方式散热。

A.自然冷却　　　B.风扇冷却　　　C.空调冷却　　　D.水冷却

5.安全生产方针的基础是( )。

A.生产为主　　　B.预防为主　　　C.安全第一　　　D.生产第一

二、填空题

1.工业机器人是一种集机械、_____、_____、_____、人工智能等先进技术于一体的智能装备,对提高制造业的智能制造水平具有非常重要的意义。

2.基于物联网的工业机器人远程故障诊断技术是将现有 _____、_____、_____、计算机技术和专家系统技术等,与物联网技术有机结合。

3.机械设备保养必须贯彻"_____,_____"的原则,做到定期保养、强制进行,正确处理使用、保养和修理的关系,不允许只用不养、只修不养。

4.三级保养制是专业管理维修与群管群修相结合的一种设备维修制度。三级保养的具体内容包括_____、_____和_____。

5._____是安全生产方针的核心和具体体现,是实施安全生产的根本途径。

项目 2
工业机器人本体维护

本项目主要介绍 ABB 工业机器人的本体(以 IRB 1410 工业机器人本体为例)、几种典型 ABB 工业机器人本体维护的操作方法以及如何更换工业机器人本体的故障单元,让学生了解到不同型号工业机器人本体维护的方法,学会更换工业机器人本体故障单元,为今后的现场作业打下坚实的基础。

 【学习目标】

※ **知识目标**

1. 了解 ABB 工业机器人本体的结构。

2. 了解几种典型 ABB 工业机器人本体维护的方法。

3. 了解工业机器人电机的连接结构。

※ **技能目标**

1. 掌握几种典型 ABB 工业机器人本体维护的操作流程。

2. 掌握更换工业机器人本体故障单元的操作流程。

3. 掌握工业机器人本体维护的要点。

◀ 2.1 ABB 工业机器人本体结构认知介绍 ▶

2.1.1 任务目标与要求

任何工业机器人都由本体部分与控制部分组成,其中本体部分主要负责传动和执行。本任务的目标与要求是认识工业机器人本体各部分的结构以及工业机器人本体电机的连接结构,为今后工业机器人本体维护保养做好铺垫。

2.1.2 任务相关知识

1. ABB 工业机器人本体的结构

工业机器人本体主要是指工业机器人控制柜以外的机械部分。IRB 1410 工业机器人本体主要由伺服电机、齿轮箱、传动装置及各部分的支承件组成,如图 2-1 所示,标记说明如表 2-1、表 2-2、表 2-3 所示。

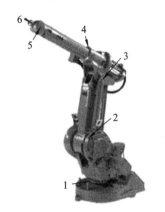
(a) 轴关节位置图

(b) 轴电机位置图

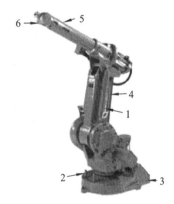
(c) 工业机器人本体部分结构件位置图

图 2-1 IRB 1410 工业机器人的本体

表 2-1 IRB 1410 工业机器人轴关节位置对照表

标记	说明	标记	说明
1	轴 1 关节	4	轴 4 关节
2	轴 2 关节	5	轴 5 关节
3	轴 3 关节	6	轴 6 关节

表 2-2 IRB 1410 工业机器人轴电机位置对照表

标记	说明	标记	说明
1	轴 1 电机	4	轴 4 电机
2	轴 2 电机	5	轴 5 电机
3	轴 3 电机	6	轴 6 电机

表 2-3　IRB 1410 工业机器人本体部分结构件名称对照表

标记	说明	标记	说明
1	平衡弹簧	4	3 轴拉杆
2	机械停止轴,轴 1	5	管轴
3	工业机器人基座	6	肘节

2. ABB 工业机器人电机的连接结构

ABB 工业机器人本体(机械臂)需要 6 个自由度,所提供的动力来自 6 个三相交流伺服电机,每个电机除了 3 组线圈绕组导线外,还有其他部件的引出线,如接 PTC 热敏元件的引出线、接刹车装置的引出线,另外编码器也有 3 组导线。6 个电机的刹车电路并联成一路,6 个 PTC 热敏元件温度检测电路串联成一路,6 个编码器的电路与 SMB 相连。6 个电机动力绕组由驱动单元供电。

工业机器人不工作时,6 个电机的刹车电路不通电,电机依靠刹车片摩擦固定,经过减速器后,整个机械机构锁死。工业机器人工作时,电机通电,刹车电路通电,刹车片松开,电机依靠磁场固定。某个电机温度异常时,PTC 热敏元件总阻值变大,控制器报警,工业机器人停止工作。

ABB 工业机器人电机的连接如图 2-2 所示。

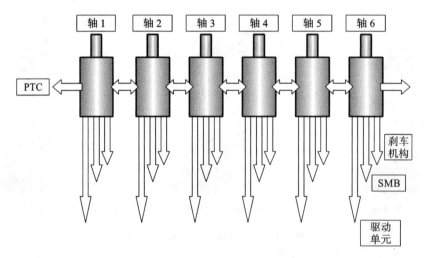

图 2-2　ABB 工业机器人电机的连接

概要:操纵器的每个轴 (6 个轴)都有它自己的电机单元,该电机单元被看作一个完整的单元,包括同步电机、制动闸(在电机里)和馈电装置。

描述:供电电缆和信号电缆通过操纵器上的电缆连接器连接至相应电机。

电机驱动轴组成操纵器轴齿轮箱的一部分。电磁制动闸安装在电机轴背面末端,小齿轮安装在电机驱动器末端。电源提供电磁时,电磁制动闸释放。

每个电机单元上都安装有馈电装置。馈电装置由电机供应商安装,决不能从电机上卸除(电机从不需要换向)。

2.1.3　任务实施

通过网络或者其他资源,对四大家族的工业机器人本体结构进行分析对比(ABB 工业机器人型号为 IRB 1410,KUKA 工业机器人型号为 KR5 1400,FANUC 工业机器人型号为 M-

10iA,YASKAWA 工业机器人型号为 MA1440),并整理成文档,文档应图文并茂(从主要参数,如负载、自由度、最大运动范围、重复精度、速度、质量、制动力矩、惯性力矩、防护等级等和应用行业角度进行分析对比)。

2.1.4 知识扩展

工业机器人的本体结构是指机体结构和机械传动系统,是工业机器人的支承基础和执行机构。

1. 基本结构

工业机器人本体基本结构由传动部件、机身及行走机构、臂部、腕部、手部五个部分组成。

2. 主要特点

(1) 采用开式运动链,结构刚度不高。

(2) 驱动器独立,运动灵活。

(3) 扭矩变化非常复杂,对刚度、间隙和运动精度有较高的要求。

(4) 动力学参数随位姿的变化而变化,易发生振动或出现其他不稳定现象。

3. 基本要求

(1) 自重小:改善工业机器人操作的动态性能。

(2) 静动态刚度高:提高工业机器人的定位精度和跟踪精度;提高工业机器人机械传动系统设计的灵活性;缩短工业机器人定位时的超调量稳定时间,降低对工业机器人控制系统的要求和工业机器人控制系统造价。

(3) 固有频率高:避开工业机器人的工作频率,以利于工业机器人系统的稳定。

2.1.5 任务小结

通过对 ABB 工业机器人本体结构的认知学习,使学生在外观上对工业机器人部件产生一定的了解,并了解工业机器人本体由伺服电机控制,即伺服电机控制工业机器人本体运动。

◀ 2.2 ABB 工业机器人本体维护 ▶

本任务中囊括了对现在工业中应用的具有典型结构的工业机器人需要执行的所有维护活动。

本任务以介绍工业机器人的实际维护计划为基础。该计划中包含所有需要做的维护的内容信息(包括维护间隔),以及每一次维护需要进行的操作。本任务对每一步操作都做了详细的介绍。

开展任何维护工作前,应查阅本书项目 1 中相关的安全信息。项目 1 中有若干必须仔细阅读的一般安全事项,同时还包括更为具体的安全信息,这些安全信息介绍了在执行操作时存在的危险和安全风险,所以执行任何维护工作前,应务必先阅读。

务必在开始维护工作前对开展作业的工业机器人进行保护性接地。

2.2.1 任务目标与要求

目前工业机器人正在大规模地服务各行各业,随着时间的推移,工业机器人的数量在不断增加,越来越多的工业机器人本体需要进行维护。本任务从工业机器人本体维护计划开始,完成以下型号工业机器人本体的维护学习任务:①IRB 120 工业机器人本体;②IRB 1200 工业机器人本体;③IRB 1410 工业机器人本体;④IRB 360 工业机器人本体;⑤IRB 910SC 工业机器人本体。

通过对以上5种工业机器人本体维护的学习,学生应能够自己动手对工业机器人进行维护,同时学会举一反三,能进行其他型号工业机器人本体的维护工作。

2.2.2 任务相关知识

1. 维护计划

必须对工业机器人进行定期维护,以确保工业机器人的功能正常。在不可预测的情形下,往往也会对工业机器人进行检查。另外,在工业机器人的日常运行过程中,必须及时注意任何损坏。

设备点检是一种科学的设备管理方法。它是指利用人的五官或简单的仪器、工具,对设备进行定点、定期的检查,对照标准发现设备的异常现象和隐患,掌握设备故障的初期信息,以便及时采取对策,将故障消灭在萌芽阶段。

对于六轴工业机器人日点检表和定期点检表,做出以下两点说明:①表中列出的是与六轴工业机器人本体直接相关的点检项目;②一般情况下,六轴工业机器人不是单独存在于工作现场的,必然有相关的周边设备,所以可以根据实际的情况将周边设备的点检项目添加到六轴工业机器人日点检表和定期点检表中,以方便工作的开展。

工业机器人日检记录表示例如表2-4所示。

表 2-4　工业机器人日检记录表示例

类别	编号	检查项目	要求标准	方法	1	2	3	4	5	6	7	8	9	10	11	12	13	…
日点检	1	检查工业机器人本体是否清洁,四周有无杂物	无灰尘异物	擦拭														
	2	通风是否良好	清洁,无污染	测														
	3	检查示教器屏幕显示是否正常	显示正常	看														
	4	检查示教器控制器是否正常	正常控制工业机器人	试														
	5	检查安全防护装置是否运作正常、急停按钮是否正常等	安全防护装置运作正常,急停按钮正常	测试														

类别	编号	检查项目	要求标准	方法	1	2	3	4	5	6	7	8	9	10	11	12	13	…
日点检	6	检查气管、接头、气阀有无漏气	密封性完好，无漏气	听/看														
	7	检查电机运转声音是否异常	无异常声响	听														
		确认人签字																
备注																		

工业机器人年检记录表示例如表 2-5 所示。

表 2-5　工业机器人年检记录表示例

类别	编号	检查项目	1	2	3	4	5	6	7	8	9	10	11	12
定期[1]点检	1	清洁工业机器人												
	2	检查工业机器人线缆[2]												
	3	检查轴 1 机械限位[3]												
	4	检查轴 2 机械限位[3]												
	5	检查轴 3 机械限位[3]												
	6	检查塑料盖												
		确认人签字												
每 12 个月	7	检查信息标签												
		确认人签字												
每 36 个月	8	检查同步带												
		确认人签字												
工业机器人电池报警时	9	更换电池组[4]												
		确认人签字												
备注	[1]"定期"意味着要定期执行相关活动，但实际的间隔可以不遵守工业机器人厂商的规定。此间隔取决于工业机器人的操作周期、工作环境和运动模式。通常来说，环境的污染越严重，运动模式越苛刻(电缆线束弯曲越厉害)，检查间隔越短。 [2]工业机器人线缆包含工业机器人与控制器机柜之间的线缆。如果发现有损坏或裂缝，或即将达到寿命，则应更换。 [3]如果机械限位被撞到，则应立即检查。 [4]电池的剩余后备电量(工业机器人电源关闭)不足 2 个月时，将显示电池低电量警告(38213，电池电量低)。通常，如果工业机器人电源每周关闭 2 天，则新电池的使用寿命为 36 个月；而如果工业机器人电源每天关闭 16 小时，则新电池的使用寿命为 18 个月。对于较长的生产中断，通过电池关闭服务例行程序可延长电池的使用寿命(大约延长电池的使用寿命 3 倍)。 设备点检、维护正常画"√"；使用异常画"△"；设备未运行画"／"												

2. IRB 120 工业机器人本体维护

1）步骤 1:清洁工业机器人

关闭工业机器人的所有电源,然后进入工业机器人的工作空间。

概述:为保证较长的正常运行时间,务必定期清洁 IRB 120 工业机器人。清洁工业机器人的时间间隔取决于工业机器人工作的环境。根据不同的防护类型,IRB 120 工业机器人可采用不同的清洁方法。在清洁工业机器人之前,务必确认工业机器人的防护类型。

注意事项:①务必按照规定使用清洁设备,任何其他清洁设备都可能会缩短工业机器人的使用寿命;②清洁前,务必先检查是否所有保护盖都已安装到工业机器人上;③切勿将清洗水柱对准连接器、接点、密封件或垫圈;④切勿使用压缩空气清洁工业机器人;⑤切勿使用未获工业机器人厂商批准的溶剂清洁工业机器人;⑥喷射清洗液的距离切勿低于 0.4 m;⑦清洁工业机器人之前,切勿卸下任何保护盖或其他保护装置。

IRB 120 工业机器人的清洁方法如表 2-6 所示。

表 2-6　IRB 120 工业机器人的清洁方法

工业机器人防护类型	清洁方法			
	真空吸尘器	用布擦拭	水冲洗	高压水或高压蒸汽
standard IP 30	可以	可以,使用少量清洁剂	不可	不可
clean room	可以	可以,使用少量清洁剂、酒精或异丙醇	不可	不可

2）步骤 2:检查工业机器人线缆

概述:工业机器人线缆包含工业机器人与控制器机柜之间的线缆,主要是电机动力电缆、转数计数器电缆、示教器电缆和用户电缆(选配)。IRB 120 工业机器人电机动力电缆、转数计数器电缆、示教器电缆如图 2-3 所示。

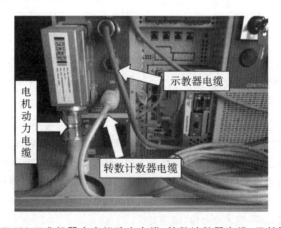

图 2-3　IRB 120 工业机器人电机动力电缆、转数计数器电缆、示教器电缆示图

注意事项:①进入工业机器人工作区域之前,关闭连接到工业机器人的所有,包括工业机器人的电源、工业机器人的液压传动系统、工业机器人的气动系统;②目视检查工业机器人与控制器机柜之间的线缆,查找是否有磨损、切割或挤压损坏。如果有磨损、切割或挤压损坏,则更换线缆。

3）步骤 3:检查机械限位

概述:在轴 1~3 的运动极限位置有机械限位,用于限制轴运动范围,使轴运动范围满足应用中的需要。为了安全,应定期点检所有的机械限位是否完好、功能是否正常。

机械限位的位置：图 2-4 显示了 IRB 120 工业机器人轴 1、轴 2 和轴 3 机械限位的位置。

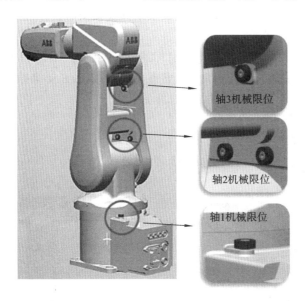

图 2-4　IRB 120 工业机器人轴 1、轴 2 和轴 3 机械限位的位置示图

注意事项：①机械限位出现弯曲变形、松动或损坏情况时，应马上更换；②与机械限位的碰撞会导致齿轮箱的使用寿命缩短，在示教与调试工业机器人的时候要特别小心。

4）步骤 4：检查塑料盖

概述：IRB 120 工业机器人本体使用塑料盖，主要是基于轻量化的考量。为了保持完整的外观和保证可靠地运行，需要定期对工业机器人本体的塑料盖进行维护。IRB 120 工业机器人本体上的塑料盖如图 2-5 所示。

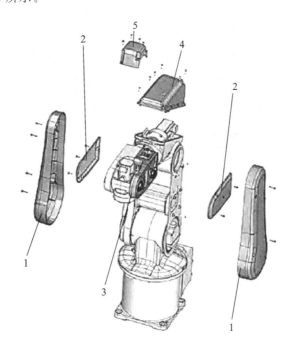

图 2-5　IRB 120 工业机器人本体上的塑料盖示图
1—下臂盖；2—腕侧盖；3—上臂盖；4—轴 4 保护盖；5—轴 6 保护盖

注意事项:①开始操作前,应关闭工业机器人的所有电力、液压和气压供给;②检查塑料盖是否存在裂纹、其他类型的损坏,如果检测到裂纹或其他类型的损坏,则更换塑料盖。

5) 步骤5:检查信息标签

概述:工业机器人及其控制柜都贴有信息标签,其中包含产品的相关重要信息。这些信息对所有操作工业机器人系统的人员来说是非常有用的,所以有必要维护好信息标签的完整。

注意事项:应更换所有丢失或受损的信息标签。

6) 步骤6:检查同步带

IRB 120工业机器人同步带的位置如图2-6所示。

所需工具和设备:公制内六角圆头扳手套装、皮带张力计。

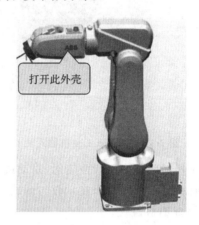

图 2-6 IRB 120 工业机器人的同步带位置示图

IRB 120工业机器人同步带的检查操作步骤如表2-7所示。

表 2-7 IRB 120 工业机器人同步带的检查操作步骤

步骤	操作	注释
1	卸除盖子,露出同步带	
2	检查同步带是否有磨损或其他类型的损坏	
3	检查同步皮带轮是否损坏	
4	如果检查到任何磨损或其他类型的损坏,则更换该部件	

续表

步骤	操作	注释
5	使用皮带张力计对同步带的张力(F)进行检查	皮带张力计:
6	检查每条同步带的张力,如果同步带的张力不正确,则进行调整	轴 3:新同步带,$F = 18 \sim 19.7$ N;旧同步带,$F = 12.5 \sim 14.3$ N 轴 5:新同步带,$F = 7.6 \sim 8.4$ N;旧同步带,$F = 5.3 \sim 6.1$ N

7) 步骤 7:更换电池组

电池的剩余后备电量(工业机器人电源关闭)不足 2 个月时,将显示电池低电量警告(38213,电池电量低)。通常,如果工业机器人电源每周关闭 2 天,则新电池的使用寿命为 36 个月;而如果工业机器人电源每天关闭 16 小时,则新电池的使用寿命为 18 个月。对于较长的生产中断,通过电池关闭服务例行程序可延长电池的使用寿命(大约延长电池的使用寿命 3 倍)。IRB 120 工业机器人电池组位置如图 2-7 所示。

所需工具和设备:公制内六角圆头扳手、刀具。

必需的耗材:塑料扎带。

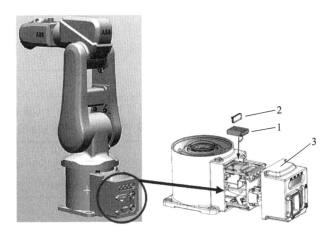

图 2-7 IRB 120 工业机器人电池组位置示图
1—电池;2—塑料扎带;3—底座盖子

更换电池组:使用以下操作更换电池组。

(1) 做拆卸电池组前的准备工作,如表 2-8 所示。

表 2-8 IRB 120 工业机器人拆卸电池组前的准备工作

步骤	实施
1	将工业机器人各轴调至其机械原点位置,以便于后续进行转数计数器更新操作
2	进入工业机器人工作区域之前,关闭连接到工业机器人的所有,包括工业机器人的电源、工业机器人的液压传动系统、工业机器人的气动系统

(2) 拆卸电池组,操作如表 2-9 所示。

表2-9　IRB 120工业机器人拆卸电池组操作

步骤	实施
1	确保电源、液压传动系统和气动系统都已经全部关闭
2	该装置易受静电放电的影响,在操作之前,先阅读相关的安全信息及操作说明
3	对于clean room版工业机器人:在拆卸工业机器人的零部件时,务必使用刀具切割漆层,以免漆层开裂,并打磨漆层毛边,以获得光滑表面
4	卸下底座盖子
5	割断固定电池的塑料扎带并拔下电池电线后取出电池。 注意:电池内包含保护电路;应只使用规定的备件或ABB认可的同等质量的备件进行更换

（3）重新安装电池组,操作如表2-10所示。

表2-10　IRB 120工业机器人重新安装电池组操作

步骤	实施
1	该装置易受静电放电的影响,在操作之前,先阅读相关的安全信息及操作说明
2	对于clean room版工业机器人:清洁已打开的接缝
3	安装电池并用塑料扎带固定。 注意:电池内包含保护电路;应只使用规定的备件或ABB认可的同等质量的备件进行更换
4	插好电池线缆插头
5	将底座盖子重新安装好
6	对于clean room版工业机器人:密封和对盖子与本体的接缝进行涂漆处理。 注意:完成所有维修工作后,用蘸有酒精的无绒布擦掉工业机器人上的颗粒物

（4）最后步骤如表2-11所示。

表2-11　IRB 120工业机器人电池组更换最后操作

步骤	实施
1	更新转数计数器
2	对于clean room版工业机器人:清洁打开的关节相关部位并涂漆。 注意:完成所有维修工作后,用蘸有酒精的无绒布擦掉工业机器人上的颗粒物
3	试运行,确保在执行首次试运行时,电池满足所有安全要求

3. IRB 1200工业机器人本体维护

1）步骤1:清洁工业机器人

关闭工业机器人的所有电源,然后进入工业机器人的工作空间。

概述:为保证较长的正常运行时间,务必定期清洁IRB 1200工业机器人。清洁工业机器人的时间间隔取决于工业机器人工作的环境。根据不同的防护类型,IRB 1200工业机器人可采用不同的清洁方法。

注意事项:①务必按照规定使用清洁设备,任何其他清洁设备都可能会缩短工业机器人的使用寿命;②清洁前,务必先检查是否所有保护盖都已安装到工业机器人上;③切勿将清洗水柱对准连接器、接点、密封件或垫圈;④切勿使用压缩空气清洁工业机器人;⑤切勿使用未获工业机器人厂商批准的溶剂清洁工业机器人;⑥喷射清洗液的距离切勿低于 0.4 m;⑦清洁工业机器人之前,切勿卸下任何保护盖或其他保护装置。

IRB 1200 工业机器人的清洁方法如表 2-12 所示。

表 2-12　IRB 1200 工业机器人的清洁方法

工业机器人防护类型	清洁方法			
	真空吸尘器	用布擦拭	用水冲洗	高压水或高压蒸汽
standard IP 40	可以	可以,使用少量清洁剂	不可	不可
IP 67(选件)	可以	可以,使用少量清洁剂	可行,强烈建议在水中加入防锈剂溶液,并且在清洁后对工业机器人进行干燥处理	不可
clean room	可以	可以,使用少量清洁剂、酒精或异丙醇	不可	不可

用高压水或高压蒸汽清洁:防护类型为 IP 67(选件)的 IRB 1200 工业机器人可以通过用水冲洗(水清洗器)的方法进行清洁。用水冲洗清洁 IRB 1200 工业机器人需满足以下操作前提。

(1) 喷嘴处的最大水压:不超过 700 kN/m²(7 bar(1 bar＝100 kPa),标准的水龙头水压和水流)。

(2) 应使用扇形喷嘴,且扇形喷嘴最小散布角度为 45°。

(3) 从喷嘴到封装的最小距离:0.4 m。

(4) 最大流量:20 L/min。

2) 步骤2:检查工业机器人线缆

概述:工业机器人线缆包含工业机器人与控制器机柜之间的线缆,主要是电机动力电缆、转数计数器电缆、示教器电缆和用户电缆(选配)。IRB 1200 工业机器人电机动力电缆、转数计数器电缆、示教器电缆如图 2-8 所示。

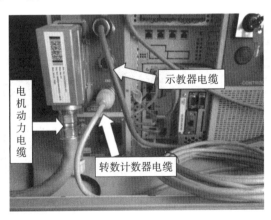

图 2-8　IRB 1200 工业机器人电机动力电缆、转数计数器电缆、示教器电缆示图

注意事项:①进入工业机器人工作区域之前,关闭连接到工业机器人的所有,包括工业机器人的电源、工业机器人的液压传动系统、工业机器人的气动系统;②目视检查工业机器人与控制器机柜之间的线缆,查找是否有磨损、切割或挤压损坏。如果有磨损、切割或挤压损坏,则更换

线缆。

3）步骤 3：检查机械限位

概述：在轴 1～3 的运动极限位置有机械限位，用于限制轴运动范围，使轴运动范围满足应用中的需要。为了安全，应定期点检所有的机械限位是否完好、功能是否正常。

机械限位的位置：图 2-9 显示了 IRB 1200 工业机器人轴 1、轴 2 和轴 3 机械限位的位置。

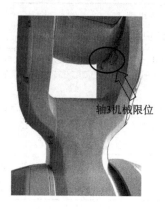

图 2-9　IRB 1200 工业机器人轴 1、轴 2 和轴 3 机械限位的位置示图

注意事项：①机械限位出现弯曲变形、松动或损坏情况时，应马上更换；②与机械限位的碰撞会导致齿轮箱的使用寿命缩短，在示教与调试工业机器人的时候要特别小心。

4）步骤 4：检查信息标签

概述：工业机器人及其控制柜都贴有信息标签，其中包含产品的相关重要信息。这些信息对所有操作工业机器人系统的人员来说是非常有用的，所以有必要维护好信息标签的完整。

注意事项：应更换所有丢失或受损的信息标签。

5）步骤 5：检查同步带

IRB 1200 工业机器人同步带的位置如图 2-10 所示。

所需工具和设备：2.5 mm 内六角圆头扳手（长 110 mm）、皮带张力计。

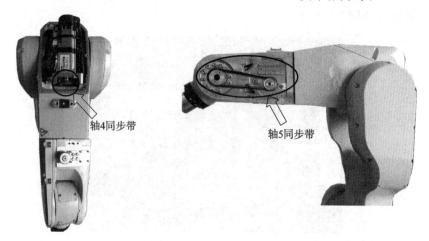

图 2-10　IRB 1200 工业机器人的同步带位置示图

检查同步带：按表 2-13 中的操作步骤检查同步带。

表 2-13　IRB 1200 工业机器人同步带的检查操作步骤

步骤	操作	注释
1	卸除盖子,露出同步带	
2	检查同步带是否有磨损或其他类型的损坏	
3	检查同步皮带轮是否损坏	
4	如果检查到任何磨损或其他类型的损坏,则更换该部件	
5	使用皮带张力计对同步带的张力(F)进行检查	皮带张力计:
6	检查每条同步带的张力;如果同步带的张力不正确,则进行调整	轴4:$F=30$ N。轴5:$F=26$ N

6)步骤6:更换电池组

电池的剩余后备电量(工业机器人电源关闭)不足 2 个月时,将显示电池低电量警告(38213,电池电量低)。通常,如果工业机器人电源每周关闭 2 天,则新电池的使用寿命为 36 个月;而如果工业机器人电源每天关闭 16 小时,则新电池的使用寿命为 18 个月。对于较长的生产中断,通过电池关闭服务例行程序可延长电池的使用寿命(大约延长电池的使用寿命 3 倍)。

所需工具和设备:2.5 mm 内六角圆头扳手(长 110 mm)、刀具。

必需的耗材:塑料扎带。

电池组的位置:IRB 1200 工业机器人电池组的位置如图 2-11 所示。

更换电池组:通过以下操作更换电池组。

(1)做拆卸电池组前的准备工作,如表 2-14所示。

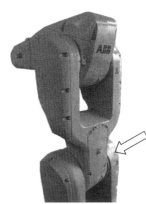

使用内六角扳手打开此电池盖即可看见

图 2-11　IRB 1200 工业机器人电池组的位置

表 2-14　IRB 1200 工业机器人拆卸电池组前的准备工作

步骤	操作
1	将工业机器人各轴调至其机械原点位置
2	进入工业机器人工作区域之前,关闭连接到工业机器人的所有,包括工业机器人的电源、工业机器人的液压传动系统、工业机器人的气动系统

(2)拆卸电池组,操作如表 2-15 所示。

表 2-15　IRB 1200 工业机器人拆卸电池组操作

步骤	操作
1	确保电源、液压传动系统和气动系统都已经全部关闭
2	该装置易受静电放电的影响,在操作之前,先阅读相关的安全信息及操作说明
3	对于 clean room 版工业机器人:在拆卸工业机器人的零部件时,务必使用刀具切割漆层,以免漆层开裂,并打磨漆层毛边,以获得光滑表面

续表

步骤	操作
4	卸下下臂连接器盖的螺钉并小心地打开盖子。 注意:盖子上连着线缆
5	拔下 EIB 单元的 R1. ME1-3、R1. ME4-6 和 R2. EIB 连接器
6	断开电池线缆插头
7	割断固定电池的塑料扎带并从 EIB 单元取出电池。 注意:电池内包含保护电路;应只使用规定的备件或 ABB 认可的同等质量的备件进行更换

（3）重新安装电池组,操作如表 2-16 所示。

表 2-16　IRB 1200 工业机器人重新安装电池组操作

步骤	操作
1	该装置易受静电放电的影响,在操作之前,先阅读相关的安全信息及操作说明
2	对于 clean room 版工业机器人:清洁已打开的接缝
3	安装电池并用塑料扎带固定。 注意:电池内包含保护电路,应只使用规定的备件或 ABB 认可的同等质量的备件进行更换
4	连接电池线缆插头
5	将 R1. ME1-3、R1. ME4-6 和 R2. EIB 连接器连接到 EIB 单元。 小心:确保不要搞混 R2. EIB 和 R2. ME2,否则轴 2 可能会严重受损。 应查看连接器标签,以了解正确的连接信息
6	用螺钉将 EIB 盖装回下臂。 注意:应使用原来的螺钉,切勿用其他螺钉替换。 拧紧转矩:1.5 N·m
7	对于 clean room 版工业机器人:密封和对盖子与本体的接缝进行涂漆处理。 注意:完成所有维修工作后,用蘸有酒精的无绒布擦掉工业机器人上的颗粒物

（4）最后步骤如表 2-17 所示。

表 2-17　IRB 1200 工业机器人更换电池组最后操作

步骤	操作
1	更新转数计数器
2	对于 clean room 版工业机器人:清洁打开的关节相关部位并涂漆。 注意:完成所有维修工作后,用蘸有酒精的无绒布擦掉工业机器人上的颗粒物
3	试运行,确保在执行首次试运行时,电池满足所有安全要求

7）步骤 7:IRB 1200 工业机器人机械原点位置及转数计数器更新

IRB 1200 工业机器人的六个关节轴各有一个机械原点,即各轴都有一个零点位置。当系统中设定的机械原点数据丢失后,需要进行转数计数器更新,以找回机械原点。IRB 1200 工业机器人机械原点位置如图 2-12 所示。

4. IRB 1410 工业机器人本体维护

1）步骤 1:清洁工业机器人

关闭工业机器人的所有电源,然后进入工业机器人的工作空间。

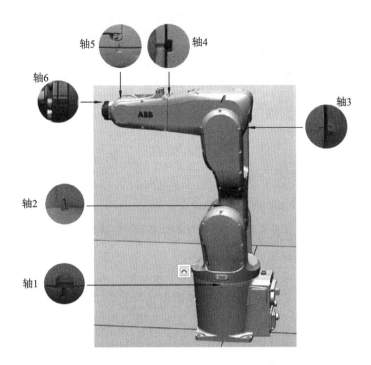

图 2-12　IRB 1200 工业机器人机械原点位置

概述：为保证较长的正常运行时间，务必定期清洁 IRB 1410 工业机器人。清洁工业机器人的时间间隔取决于工业机器人工作的环境。

注意事项：①务必按照规定使用清洁设备，任何其他清洁设备都可能会缩短工业机器人的使用寿命；②清洁前，务必先检查是否所有保护盖都已安装到工业机器人上；③切勿将清洗水柱对准连接器、接点、密封件或垫圈；④切勿使用压缩空气清洁工业机器人；⑤切勿使用未获工业机器人厂商批准的溶剂清洁工业机器人；⑥清洁工业机器人之前，切勿卸下任何保护盖或其他保护装置。

IRB 1410 工业机器人的清洁方法如表 2-18 所示。

表 2-18　IRB 1410 工业机器人的清洁方法

工业机器人 防护类型	清洁方法			
	真空吸尘器	用布擦拭	用水冲洗	高压水或高压蒸汽
standard	可以	可以，使用少量清洁剂	不可	不可

2）步骤 2：检查工业机器人线缆

概述：工业机器人线缆包含工业机器人与控制器机柜之间的线缆，主要是电机动力电缆、转数计数器电缆、示教器电缆和用户电缆（选配）。IRB 1410 工业机器人电机动力电缆、转数计数器电缆、示教器电缆如图 2-13 所示。

注意事项：①进入工业机器人工作区域之前，关闭连接到工业机器人的所有，包括工业机器人的电源、工业机器人的液压传动系统、工业机器人的气动系统；②目视检查工业机器人与控制器机柜之间的线缆，查找是否有磨损、切割或挤压损坏，如果有磨损、切割或挤压损坏，则更换线缆。

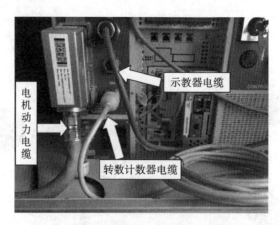

图 2-13　IRB 1410 工业机器人电机动力电缆、转数计数器电缆、示教器电缆示图

3）步骤 3：检查轴 1 机械限位

概述：在轴 1 的运动极限位置有机械限位，用于限制轴 1 运动范围，使轴 1 运动范围满足应用中的需要。为了安全，应定期点检轴 1 的机械限位是否完好、功能是否正常。

机械限位的位置：图 2-14 显示了 IRB 1410 工业机器人轴 1 机械限位的位置。

注意事项：①机械限位出现弯曲变形、松动或损坏情况时，应马上更换；②与机械限位的碰撞会导致齿轮箱的使用寿命缩短，在示教与调试工业机器人的时候要特别小心。

4）步骤 4：润滑弹簧关节

概述：IRB 1410 工业机器人的本体上有两条平衡弹簧，应定期对这两条平衡弹簧两端活动的关节进行润滑。

弹簧关节的位置：图 2-15 显示了 IRB 1410 工业机器人平衡弹簧的位置。

所需工具和设备：黄油枪。

图 2-14　IRB 1410 工业机器人轴 1 机械　　　　图 2-15　IRB 1410 工业机器人平衡弹簧的位置示图
　　　　　限位的位置示图

注意事项：使用黄油枪向平衡弹簧关节位置添加适当的黄油。

5）步骤 5：轴 5、轴 6 齿轮润滑

概述：IRB 1410 工业机器人本体中轴 5 和轴 6 的齿轮需要定期进行润滑。轴 5 和轴 6 加注油脂的位置如图 2-16 所示。

注意事项:使用黄油枪对轴 5 轴 6 齿轮进行润滑。

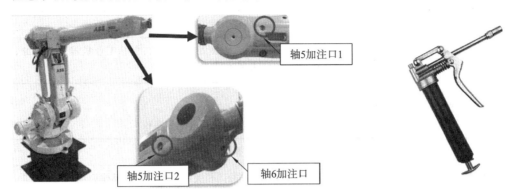

图 2-16 IRB 1410 工业机器人轴 5 和轴 6 注油口位置及黄油枪

6) 步骤 6:更换电池组

电池的剩余后备电量(工业机器人电源关闭)不足 2 个月时,将显示电池低电量警告(38213,电池电量低)。通常,如果工业机器人电源每周关闭 2 天,则新电池的使用寿命为 36 个月;而如果工业机器人电源每天关闭 16 小时,则新电池的使用寿命为 18 个月。对于较长的生产中断,通过电池关闭服务例行程序可延长电池的使用寿命(大约延长电池的使用寿命 3 倍)。

所需工具和设备:内六角圆头扳手、小号活动扳手、刀具。

电池:两电极触点电池 3HAC16831-1,相应的 SMB 单元 3HAC17396-1;三电极触点电池 3HAC044075-001,相应的 SMB 单元 3HAC046277-001。

必需的耗材:塑料扎带。

电池组的位置:IRB 1410 工业机器人电池组的位置如图 2-17 所示。

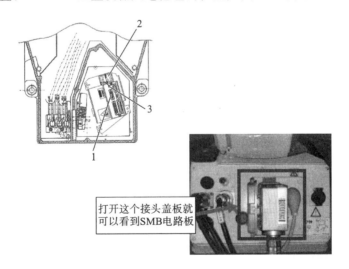

图 2-17 IRB 1410 工业机器人电池组的位置示图

1—SMB 信号插头;2—SMB 插头;3—SMB 电池插头

更换电池组:使用以下操作更换电池组。

(1) 做拆卸电池组前的准备工作,如表 2-19 所示。

表 2-19　IRB 1410 工业机器人电池组拆卸前的准备工作

步骤	操作
1	将工业机器人各轴调至其机械原点位置,以便于后续进行转数计数器更新操作
2	进入工业机器人工作区域之前,关闭连接到工业机器人的所有,包括工业机器人的电源、工业机器人的液压传动系统和工业机器人的气动系统

（2）拆卸电池组,操作如表 2-20 所示。

表 2-20　IRB 1410 工业机器人拆卸电池组操作

步骤	操作
1	该装置易受静电放电的影响,在操作之前,先阅读相关的安全信息及操作说明
2	卸下与控制柜连接的驱动电缆和信号电缆,用扳手拧开盖子上的 4 个螺钉
3	小心打开盖子。 注意:盖子上连着线缆
4	将电池接头从 SMB 上拔下来
5	割断固定电池的塑料扎带并从 EIB 单元取出电池。 注意:电池内包含保护电路;应只使用规定的备件或 ABB 认可的同等质量的备件进行更换

（3）重新安装电池组,操作如表 2-21 所示。

表 2-21　IRB 1410 工业机器人重新安装电池组操作

步骤	操作
1	该装置易受静电放电的影响,在操作之前,先阅读相关的安全信息及操作说明
2	安装电池并用塑料扎带固定。 注意:电池内包含保护电路;应只使用规定的备件或 ABB 认可的同等质量的备件进行更换
3	插好电池连接插头
4	将底座盖子重新安装好
5	拧上 4 颗螺钉,并插回控制柜驱动电缆和信号电缆的接头。 注意:应使用原来的螺钉,切勿用其他螺钉替换

（4）最后步骤如表 2-22 所示。

表 2-22　IRB 1410 工业机器人更换电池组最后操作

步骤	操作
1	更新转数计数器
2	试运行,确保在执行首次试运行时,电池满足所有安全要求

7）步骤 7:IRB 1410 工业机器人机械原点位置及转数计数器更新

IRB 1410 工业机器人的六个关节轴各有一个机械原点,即各轴都有一个零点位置。当系统中设定的机械原点数据丢失后,需要进行转数计数器更新,以找回机械原点。IRB 1410 工业机器人机械原点标记如图 2-18 所示。

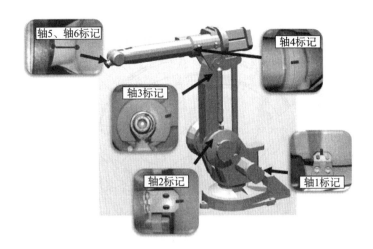

图 2-18　IRB 1410 工业机器人机械原点标记

5. IRB 360 工业机器人本体维护

1）步骤 1：清洁工业机器人

关闭工业机器人的所有电源，然后进入工业机器人的工作空间。

概述：为保证较长的正常运行时间，务必定期清洁 IRB 360 工业机器人。清洁工业机器人的时间间隔取决于工业机器人工作的环境。根据不同的防护类型，IRB 360 工业机器人可采用不同的清洁方法，在清洁之前务必确认 IRB 360 工业机器人的防护类型。

防护等级：IRB 360 工业机器人本体按照标准 IEC 60529:2013 进行测试，标准版 IRB 360 工业机器人的防护等级为 IP 54，冲洗版 IRB 360 工业机器人的防护等级为 IP 67，不锈钢冲洗版 IRB 360 工业机器人的防护等级为 IP 69K（ISO 20653:2013），洁净室版 IRB 360 工业机器人的防护等级为 IP 54（class 5，ISO 14644-1:2015）。

注意事项：①切勿将清洗水柱对准连接器、接点、密封件或垫圈；②切勿使用压缩空气清洁工业机器人；③切勿使用未获工业机器人厂商批准的溶剂清洁机器人；④喷射清洗液的距离切勿低于 0.4 m；⑤清洁工业机器人之前，切勿卸下任何保护盖或其他保护装置。

IRB 360 工业机器人的清洁方法如表 2-23 所示。

表 2-23　IRB 360 工业机器人的清洁方法

工业机器人防护类型	清洁方法				
	真空吸尘器	用布擦拭	用水冲洗	高压水或高压蒸汽	清洁剂
标准版	可以	可以	不可	不可	不可
冲洗版	可以	可以	可行，强烈建议在水中加入防锈剂溶液	可以	可以
不锈钢冲洗版	可以	可以	可行，强烈建议在水中加入防锈剂溶液	可以	可以
洁净室版	可以	可以	不可	不可	不可

IRB 360 工业机器人有敏感部位，如图 2-19 所示，应避免直接冲洗这些敏感部位。

2）步骤 2：检查轴 4（伸缩轴）

IRB 360 工业机器人轴 4 有两种结构，标准版 IRB 360 工业机器人轴 4 的结构如图 2-20 所示。冲洗版、不锈钢冲洗版、洁净室版 IRB 360 工业机器人轴 4 的结构如图 2-21 所示。

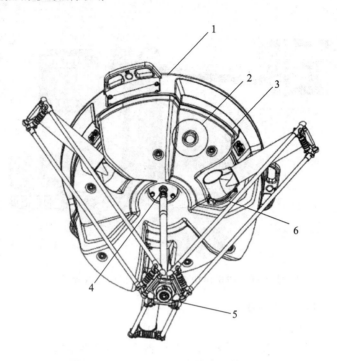

图 2-19　IRB 360 工业机器人的敏感部件

1—基座密封盖;2—刹车释放按钮;3—传动密封盖;4—轴 4 密封圈;5—活动板;6—上臂密封圈

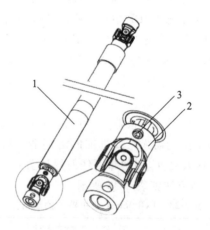

图 2-20　标准版 IRB 360 工业机器人轴 4 的结构示图

1—轴 4;2—万向接头;3—紧固螺丝

所需标准工具:活动扳手（7～35 mm）、六角扳手、力矩扳手(4～33 N·m)、小螺丝刀、塑料槌、棘轮头、截止钳、水平仪。

检查轴 4 的操作如表 2-24 所示。

表 2-24　IRB 360 工业机器人轴 4 检查步骤

步骤	操作
1	移除与活动板相连的所有连杆部件。 注意:移除连杆时要多加小心
2	检查万向接头有无磨损
3	朝着各个方向移动活动板,检查是否有阻碍万向接头运动的问题

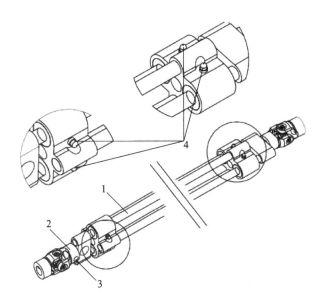

图 2-21 冲洗版、不锈钢冲洗版、洁净室版 IRB 360 工业机器人轴 4 的结构示图

1—轴 4；2—万向接头；3—紧固螺丝；4—油脂嘴(直径 3 mm)

3）步骤 3：检查连杆机构

概述：IRB 360 工业机器人默认交付时，装备的球轴承套货号为 3HAC028087-001(白色)，该型号球轴承套是免维护处理的，但若因特殊工况需求在交付后更换成 3HAC2091-1(灰色)，则该型号球轴承套需要定期做润滑处理。IRB 360 工业机器人连杆机构如图 2-22 所示。

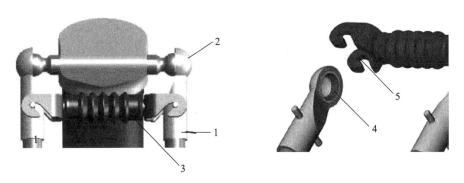

图 2-22 IRB 360 工业机器人连杆机构

1—连杆；2—球轴承；3—弹簧装置；4—弹簧装置钩爪；5—球轴承套

注意事项：①在进入工业机器人工作范围内前，必须断开所有电源、液压源、气源；②球轴承套的磨损取决于负载、运动周期数量和工作环境，碰撞可能会造成球轴承套损坏；③不要在连杆本体上使用任何油脂类物质；④操作弹簧装置时，必须注意安全。

（1）碰撞后或者连杆掉落后需要执行表 2-25 中的维护操作。

表 2-25 IRB 360 工业机器人连杆机构维护操作（一）

步骤	操作	注释
1	检查球轴承套的损坏程度	如果损坏影响正常使用，应更换球轴承套
2	检查球轴承套内的污染物或残留的油脂	如果有必要，则利用乙醇清洗球轴承套

步骤	操作	注释
3	润滑球轴承套(使用 3HAC2091-1(灰色)时)	可使用润滑脂:①MOBILGREASE FM 102;②Optimol Obeen UF 2

(2)每运行 500 小时或连续运行 1 年需要执行表 2-26 中的维护操作。

表 2-26　IRB 360 工业机器人连杆机构维护操作(二)

步骤	操作	注释
1	检查球轴承套活动时是否有刺耳的声音	如果有必要,则更换球轴承套
2	润滑球轴承套(使用 3HAC2091-1(灰色)时)	可使用润滑脂:①MOBILGREASE FM 102;②Optimol Obeen UF 2

(3)每运行 4 000 小时或连续运行 2 年需要执行表 2-27 中的维护操作。

表 2-27　IRB 360 工业机器人连杆机构维护操作(三)

步骤	操作	注释
1	检查连杆表面是否有裂缝或损坏	如果有必要,则更换连杆
2	检查两个球轴承之间的距离	间距大小有参考值

通常在运行的第一个小时内,球轴承磨损较大(一般为 0.1~0.5 mm),同时也可能因为灰尘或者小颗粒而磨损,在初次磨合之后,后续的磨损会大大减少;测量两个球轴承之间的距离 A,确认是否需要更换球轴承套;当球轴承之间的距离达到报废值时,需要立即更换球轴承套,若仍然运行,则可能对连杆机构造成永久性的损坏。

不同型号 IRB 360 工业机器人球轴承的间距如表 2-28 所示。IRB 360 工业机器人球轴承间距(A)示意图如图 2-23 所示。

表 2-28　不同型号 IRB 360 工业机器人球轴承的间距

工业机器人型号	间距 A		
	初始值	需要更换的参考值	报废值
IRB 360-1/1130 IRB 360-3/1130	126 mm (STD)	<125 mm (STD)	124 mm
IRB 360-1/800 IRB 360-1/1600	130 mm (WDS)	<129 mm (WDS)	128 mm (WDS)
IRB 360~8/1130 IRB 360~6/1600	130 mm	<129 mm	128 mm (WDS)

4) 步骤 4:检查弹簧组件

IRB 360 工业机器人的弹簧组件有两种样式。

样式 1:适用于 IRB 360-1/1130、IRB 360-3/1130、IRB 360-1/800、IRB 360-1/1600 型号,如图 2-24 所示。

样式 2:适用于 IRB 360-8/1130、IRB 360-6/1600 型号,如图 2-25 所示。

每运行 500 小时需要对弹簧组件执行表 2-29 中的维护操作。

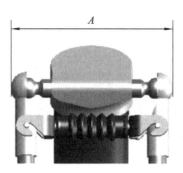

图 2-23　IRB 360 工业机器人球轴承间距示意图

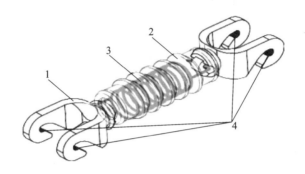

图 2-24　IRB 360 工业机器人弹簧组件(一)

1—挂钩;2—弹簧;3—球形管;4—润滑点

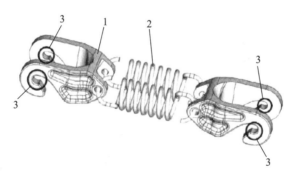

图 2-25　IRB 360 工业机器人弹簧组件(二)

1—挂钩;2—弹簧;3—润滑点

表 2-29　IRB 360 工业机器人弹簧组件的维护操作

步骤	操作	注释
1	检查挂钩是否有磨损	如果有必要,则更换挂钩
2	检查运动过程中弹簧组件是否有刺耳的声音	对润滑点进行润滑处理

5) 步骤 5:检查真空系统

一般在工业机器人上会安装真空系统组件,如气管、气管夹、真空发生器、空气过滤器等,需要定期对这些组件进行维护处理。IRB 360 工业机器人真空系统组件如图 2-26 所示。

(1) 每运行 500 小时需要对真空系统执行表 2-30 中的维护操作。

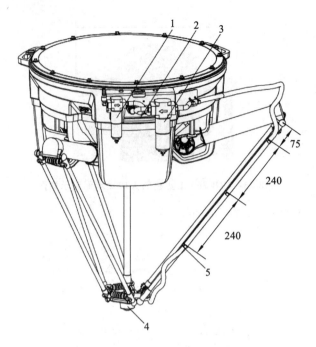

图 2-26　IRB 360 工业机器人真空系统组件

1—过滤器(进气端);2—真空发生器;3—过滤器(真空端);4—旋转关节;5—气管及气管夹

表 2-30　IRB 360 工业机器人真空系统维护操作

步骤	操作	注释
1	对管路进行充气,检查气管是否有褶皱或破损	如果有必要,则进行更换
2	修正气管夹的位置	如果有必要,则进行更换
3	检查气源是否干燥、干净,对过滤器进行清理	气源中颗粒的直径不得超过 5 μm

　　(2)每运行 4 000 小时或连续运行 2 年需要对真空系统执行以下维护操作:更换气动阀门。气动阀门生命周期为运行 400 万次。

　　6)步骤 6:检查球铰链

　　每运行 4 000 小时或连续运行 2 年需要对球铰链执行以下维护操作:检查球铰链表面是否有裂缝或毛刺,如果有问题,需进行更换。

　　IRB 360 工业机器人球铰链结构如图 2-27 所示。

　　7)步骤 7:检查上臂系统

　　每运行 4 000 小时或连续运行 2 年需要对上臂系统执行以下维护操作:检查上臂表面是否有裂缝,检查球铰链表面是否有裂缝或毛刺,如果有问题,需进行更换。

　　IRB 360 工业机器人上臂系统如图 2-28 所示。

　　8)步骤 8:检查法兰

　　注意:在没有释放刹车释放按钮时,千万不要强行转动末端。

　　每运行 4 000 小时或 24 个月,需要执行以下维护操作:释放刹车释放按钮应格外小心,手动转动轴 4,检查轴 4 的旋转是否流畅,如果有问题,需更换法兰。

　　IRB 360 工业机器人法兰如图 2-29 所示。

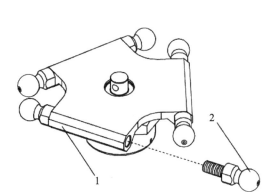

图 2-27 IRB 360 工业机器人球铰链结构

1—活动板；2—球铰链

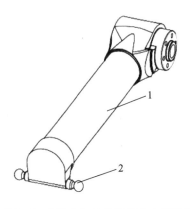

图 2-28 IRB 360 工业机器人上臂系统

1—上臂；2—球铰链

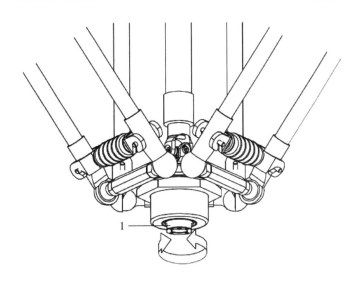

图 2-29 IRB 360 工业机器人法兰

1—轴 4 法兰

9）步骤 9：润滑轴 1、轴 2、轴 3 齿轮箱

每运行 30 000 小时或者 36 个月需要更换轴 1～3 润滑油脂，具体操作步骤如表 2-31 所示。

表 2-31 IRB 360 工业机器人更换轴 1～3 齿轮箱润滑油脂具体操作步骤

步骤	说明	图示
1	①移除基座顶盖； ②移除轴 1～3 连杆； ③移除轴 4 伸缩杆； ④移除轴 1～3 的 VK 盖，并且利用螺丝刀移除用于固定上臂的螺丝 2 和平垫圈	1—VK 盖；2—M6×40 螺丝

步骤	说明	图示
2	移除轴1~3用于固定法兰和密封圈的螺丝1	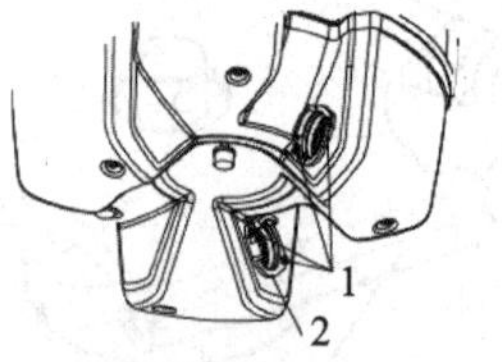 1—M6×20 螺丝；2—关节轴
3	①移除轴4的螺丝1,移除法兰盖2,移除法兰垫圈3； ②移除密封圈4	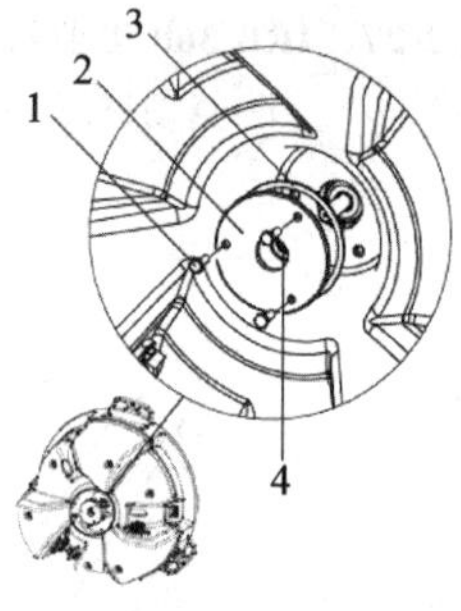 1—螺丝；2—法兰盖； 3—法兰垫圈；4—密封圈
4	①移除螺丝1； ②移除齿轮箱盖2	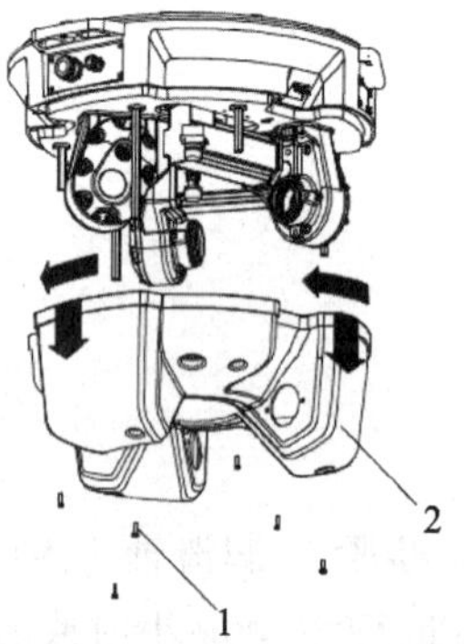 1—M6×20 螺丝；2—齿轮箱盖
5	移除磁性插头,将齿轮箱中的润滑油脂排空	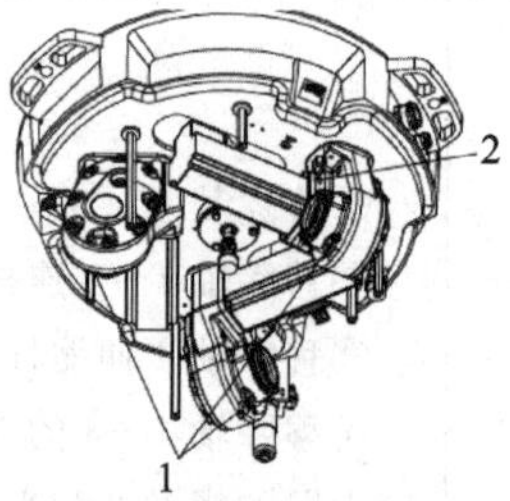 1—磁性插头；2—油位观察孔

续表

步骤	说明	图示
6	①在重新安装之前清理磁性插头； ②重新安装磁性插头(拧紧力矩为 10~12 N·m,检查密封圈是否有损坏,若有必要则进行更换)； ③通过油孔 1 重新加入润滑油脂,移除油塞,检查油位(润滑油脂型号为 MOBIL SHC Cibus 220,添加量为 820 mL)	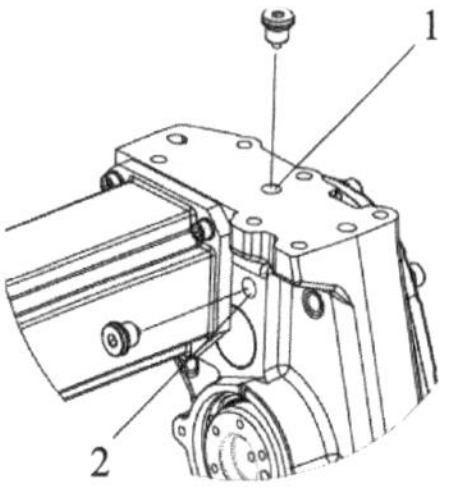 1—进油孔;2—油位观察孔
7	①对于冲洗版、不锈钢冲洗版 IRB 360 工业机器人,需要利用乙醇清洗齿轮箱盖密封上表面； ②在齿轮箱盖密封上表面涂抹 5 mm 厚聚氨酯密封胶	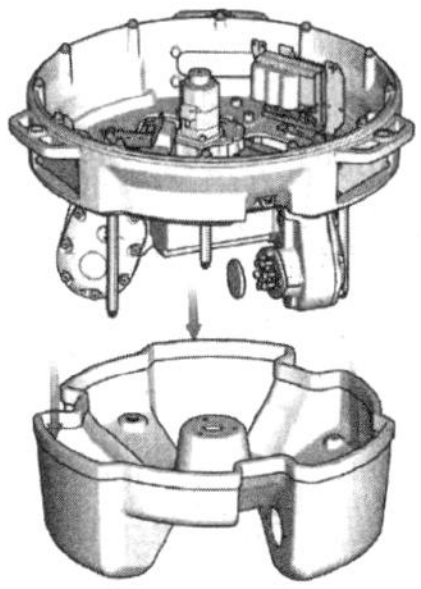
8	重新安装齿轮箱盖,拧紧螺丝时使用紧固液(LOCTITE 243),螺丝拧紧力矩为 4 N·m	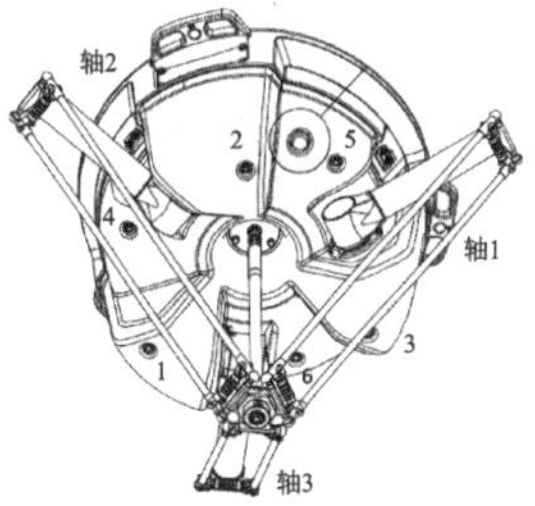
9	①重新安装好齿轮箱盖后,检查聚氨酯密封胶是否全部填满缝隙,如右侧图中 1 所示,若未完全填满,则重新拆除填充； ②重新安装法兰、法兰垫圈,并使用紧固液(LOCTITE 243),拧紧力矩为 4 N·m	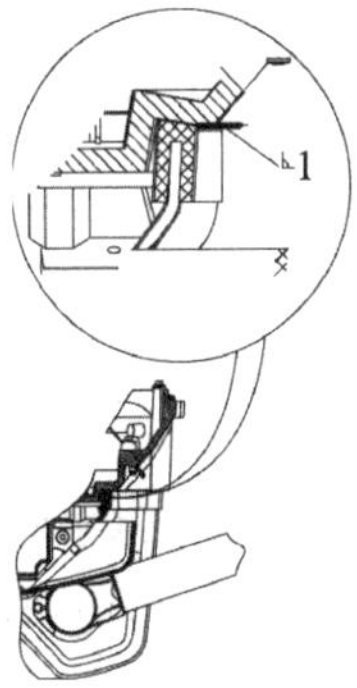

续表

步骤	说明	图示
10	重新安装上臂密封圈,并使用紧固液(LOCTITE 243)	
11	①重新安装上臂,并使用紧固液(LOCTITE 243); ②重新安装 VK 盖,并使用紧固液(LOCTITE 243); ③重新安装连杆; ④重新安装轴 4; ⑤重新安装基座顶盖	

10) 步骤 10:润滑轴 4 齿轮箱

警告:齿轮箱润滑油脂可能温度很高,应采用环保、合理的方式收集齿轮箱中的润滑油脂。

IRB 360 工业机器人各关节轴齿轮箱的位置如图 2-30 所示。

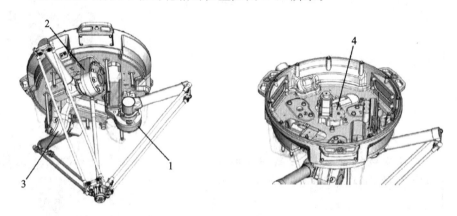

图 2-30 IRB 360 工业机器人各关节轴齿轮箱的位置
1—轴 1 齿轮箱;2—轴 2 齿轮箱;3—轴 3 齿轮箱;4—轴 4 齿轮箱

每运行 30 000 小时或者 36 个月需要更换轴 4 的润滑油脂,具体操作步骤如表 2-32 所示。

表 2-32 IRB 360 工业机器人轴 4 齿轮箱润滑操作

步骤	说明	图示
1	①移除基座顶盖; ②移除轴 4 的电机和齿轮箱	1—轴 4 电机单元;2—M6×25 螺丝和平垫圈; 3—轴 4 齿轮箱单元;4—密封圈

步骤	说明	图示
2	移除油塞,将轴 4 齿轮箱中的润滑油脂排空	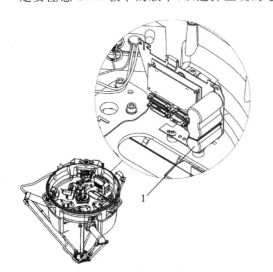
3	①重新添加定量的润滑油脂(润滑油脂型号为 MOBIL SHC Cibus 220,添加量为 80 mL); ②重新拧紧油塞(拧紧力矩为 4 N·m;如果油塞处的密封圈损坏,则应及时更换); ③重新安装基座顶盖	

11) 步骤 11:更换 SMB 电池

电池的剩余后备电量(工业机器人电源关闭)不足 2 个月时,将显示电池低电量警告(38213,电池电量低)。通常,如果工业机器人电源每周关闭 2 天,则新电池的使用寿命为 36 个月;而如果工业机器人电源每天关闭 16 小时,则新电池的使用寿命为 18 个月。对于较长的生产中断,通过电池关闭服务例行程序可延长电池的使用寿命(大约延长电池的使用寿命 3 倍)。

IRB 360 工业机器人的 SMB 电池组位置如图 2-31 所示。由于版本原因,IRB 360 工业机器人有两种不同类型的 SMB 及电池单元,一种为 DSQC 633A 模块,是 2 脚插头;另外一种 RMU 101 模块,是 3 脚插头。通常 3 脚插头的电池拥有更长的生命周期。在更换电池单元时,一定要注意 SMB 板卡的版本,以选择正确的电池组。

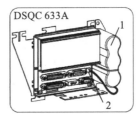
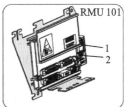

图 2-31 IRB 360 工业机器人的 SMB 电池组位置

1—SMB 电池组;2—电池组插头(DSQC 633A 为 2 脚插头,RMU 101 为 3 脚插头)

IRB 360 工业机器人基座顶盖的结构如图 2-32 所示。

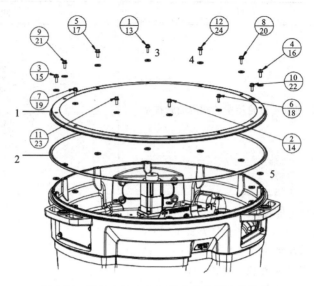

图 2-32　IRB 360 工业机器人基座顶盖的结构

1—基座顶盖;2—圆形密封圈;3—螺钉 M6×20 (12 个);4—塑料垫圈(12 个);5—橡胶垫片(12 个)

更换 SMB 电池组具体操作如表 2-33 所示。

表 2-33　IRB 360 工业机器人更换 SMB 电池组具体操作

步骤	操作
1	关闭所有电源、液压源和气源
2	移除基座顶盖上的 12 颗螺钉
3	移除基座顶盖
4	断开电池组与 SMB 之间的接头
5	切断绑定电池组的塑料扎带,移除电池组。注意:移除掉的电池组不能乱扔,必须作为危险废弃物处理
6	将新电池组与 SMB 连接
7	利用塑料扎带将电池组固定
8	检查垫片是否有损坏
9	用 12 颗螺钉紧固基座顶盖
10	重新上电,更新转数计数器

12) 步骤 12:IRB 360 工业机器人机械原点位置及转数计数器更新

IRB 360 工业机器人的四个关节轴各有一个机械原点,即各轴都有一个零点位置。当系统中设定的机械原点数据丢失后,需要进行转数计数器更新,以找回机械原点。IRB 360 工业机器机械原点标记如图 2-33 所示。IRB 360 工业机器人机械原点的标记方式与串联结构型工业机器人区别较大。

IRB 360 工业机器人轴 1~3 是不能同时到达机械原点的,所以在进行校准操作时,逐一对每一个轴进行校准,顺序是轴 1—轴 2—轴 3—轴 4。IRB 360 工业机器人关节轴运动方向如图 2-34 所示。

IRB 360 工业机器人转数计数器更新步骤如表 2-34 所示。

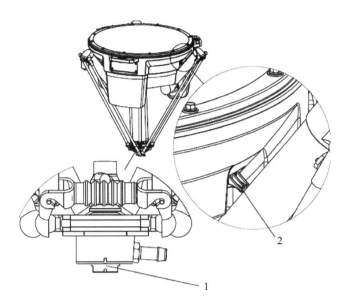

图 2-33 IRB 360 工业机器人机械原点标记

1—轴 4 机械原点标记;2—轴 1~3 机械原点标记

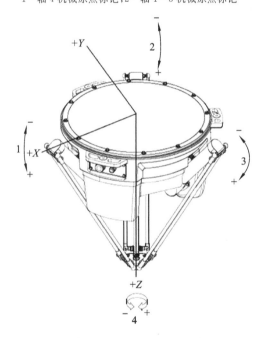

图 2-34 IRB 360 工业机器人关节轴运动方向

1—轴 1;2—轴 2;3—轴 3;4—轴 4

表 2-34 IRB 360 工业机器人转数计数器更新操作

步骤	说明	图示
1	①示教器上确认工业机器人程序已停止执行; ②在控制柜上将工业机器人切换至手动模式; ③检查控制柜上的马达上电按钮(应处于闪烁状态)	

步骤	说明	图示
2	按下工业机器人腹部的刹车释放按钮1	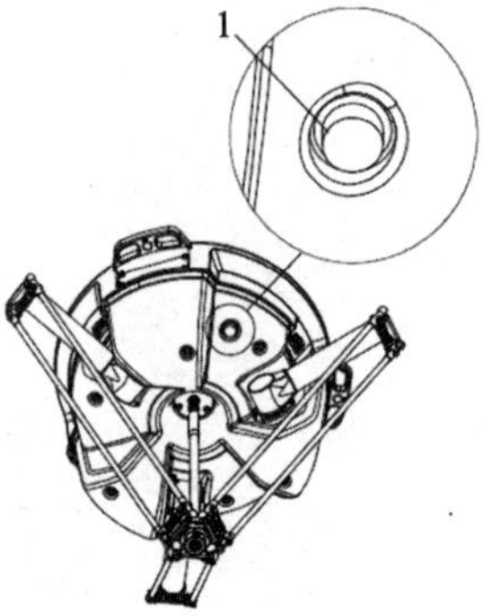 1—刹车释放按钮
3	①用手将轴1上臂轻轻地推动到校准装置1处； ②轴1上臂到达校准装置处后,松开刹车释放按钮	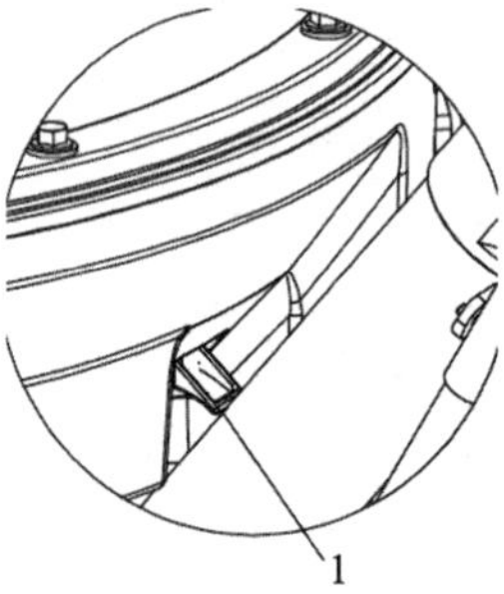 1—校准位置
4	①通过示教器校准菜单进入转数计数器更新界面,更新轴1(示教器操作步骤可参考后文相关的说明)； ②在此按下刹车释放按钮,将轴1上臂轻轻地移动至接近水平位置； ③按上述方法完成轴2、轴3转数计数器的更新； ④示教中,手动操纵界面,将动作模式切换为单轴4~6,利用摇杆移动轴4	
5	①将轴4移动至机械原点位置1； ②通过示教器校准菜单执行轴4转数计数器更新操作	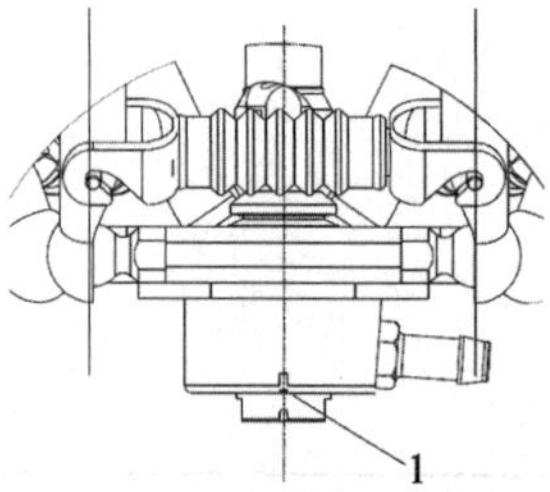 1—轴4机械原点位置

6. IRB 910SC 工业机器人本体维护

1) 步骤 1:清洁工业机器人

概述:为保证较长的正常运行时间,务必定期清洁 IRB 910SC 工业机器人。清洁工业机器人的时间间隔取决于工业机器人工作的环境。应根据 IRB 910SC 工业机器人的防护等级(为

IP 20），选用适当的清洁方法。在清洁工业机器人之前，务必确认工业机器人的防护类型。

注意事项：①务必按照规定使用清洁设备，任何其他清洁设备都可能会缩短工业机器人的使用寿命；②清洁前，务必先检查是否所有保护盖都已安装到工业机器人上；③切勿将清洗水柱对准连接器、接点、密封件或垫圈；④切勿使用压缩空气清洁工业机器人；⑤切勿使用未获工业机器人厂商批准的溶剂清洁工业机器人；⑥清洁工业机器人之前，切勿卸下任何保护盖或其他保护装置。

IRB 910SC 工业机器人的清洁方法如表 2-35 所示。

表 2-35   IRB 910SC 工业机器人的清洁方法

工业机器人 防护类型	清洁方法			
	真空吸尘器	用布擦拭	用水冲洗	高压水或高压蒸汽
standard IP 20	可以	可以，使用少量清洁剂	不可	不可

2）步骤 2：检查工业机器人线缆

概述：工业机器人线缆包含工业机器人与控制器机柜之间的线缆，主要是电机动力电缆、转数计数器电缆、示教器电缆和用户电缆（选配）。

注意事项：①进入工业机器人工作区域之前，关闭连接到工业机器人的所有，包括工业机器人的电源、工业机器人的液压传动系统、工业机器人的气动系统；②目视检查工业机器人与控制器机柜之间的线缆，查找是否有磨损、切割或挤压损坏。如果有磨损、切割或挤压损坏，则更换线缆。

3）步骤 3：检查轴 1、轴 2 的机械限位

概述：在 IRB 910SC 工业机器人轴 1 和轴 2 的运动极限位置有机械限位，用于限制轴运动范围，使轴运动范围满足应用中的需要。为了安全，应定期点检所有的机械限位是否完好、功能是否正常。

机械限位的位置：图 2-35 显示了 IRB 910SC 工业机器人轴 1、轴 2 机械限位的位置。

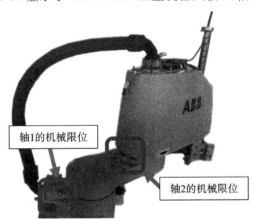

图 2-35   IRB 910SC 工业机器人机械限位的位置示图

注意事项：①机械限位出现弯曲变形、松动或损坏情况时，应马上更换；②与机械限位的碰撞会导致齿轮箱的使用寿命缩短，在示教与调试工业机器人的时候要特别小心。

4）步骤 4：检查轴 3、轴 4 的滚珠丝杠

IRB 910SC 工业机器人的轴 3 和轴 4 使用滚珠丝杠的形式，一般可使用表 2-36 中的操作步骤维护轴 3 和轴 4 的滚珠丝杠。

表 2-36　IRB 910SC 工业机器人轴 3、轴 4 滚珠丝杠的维护操作

步骤	操作	图示
1	在检查滚珠丝杠时,应松开工业机器人本体的各轴刹车释放按钮。这可能会造成轴 3 的快速向下滑落,带来危险。应在松开刹车释放按钮前,做好对轴 3 的支承或拆下夹具	
2	一只手扶着滚珠丝杠以防止滚珠丝杠意外下滑,另一只手松开刹车释放按钮	
3	将滚珠丝杠手动推到上极限、下极限位置,然后观察轴 3 两端的机械挡块是否完好、滚珠丝杠表面是否光滑和有无划伤、滚珠丝杠表面的润滑油脂是否足够。 ABB 润滑油脂订货号为 3HAC058096-001	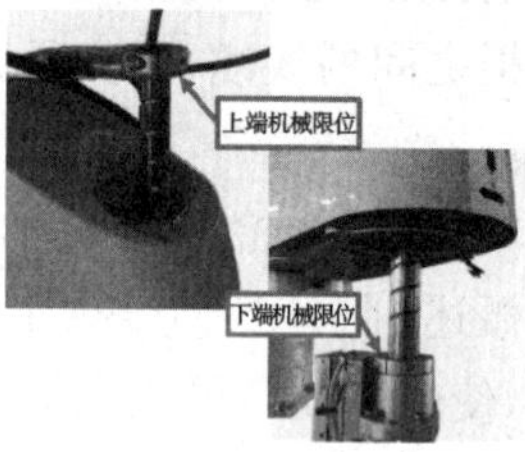

5) 步骤 5:检查同步带

所需工具和设备:公制内六角圆头扳手套装、皮带张力计。

(1) 打开同步带的防护外壳:按表 2-37 中的操作步骤打开同步带的防护外壳。

表 2-37　IRB 910SC 工业机器人打开同步带防护外壳的操作

步骤	操作	图示
1	使工业机器人轴 2 运动到 90°的位置	
2	在进行下面的作业之前,关闭工业机器人的电源,断开工业机器人的气动系统。将右图中用圆圈圈起来的固定防护外壳的 5 颗螺丝拆卸下来	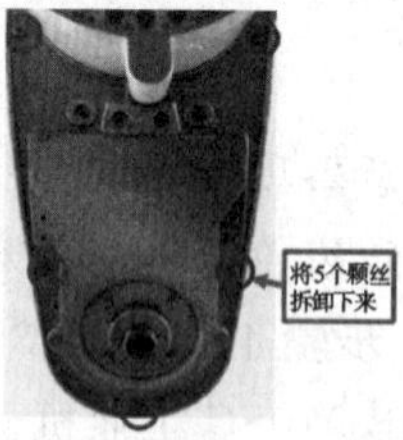

续表

步骤	操作	图示
3	将固定防护外壳的第 6 颗螺丝拆卸下来	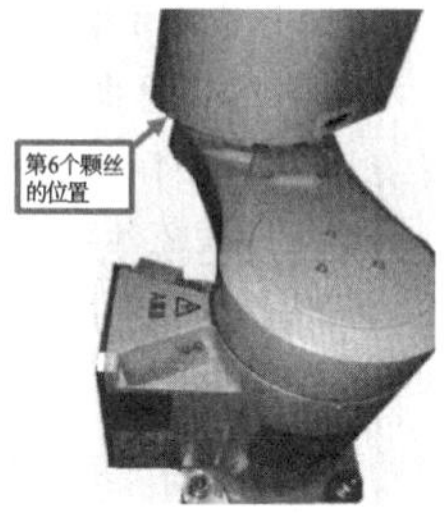
4	将右图中用圆圈圈起来的固定防护外壳的 6 颗螺丝拆卸下来	
5	小心地将电缆盖向上取出,将电缆的插头(R2.MP2、R2.MP3、R2.MP4、R2.ME2、R2.ME3、R2.ME4)断开连接。建议对插头进行拍照,以便重新连接安装时进行对照	
6	取下防护外壳,此时就能看到内部传动结构了	

(2) 实施同步带检查:按表 2-38 中的操作步骤检查同步带。

表 2-38　IRB 910SC 工业机器人同步带的检查操作步骤

步骤	操作	图示
1	检查同步带是否有磨损与异常	

续表

步骤	操作	图示
2	使用皮带张力计对轴 3、轴 4 同步带的张力进行检测。轴 3 同步带的张力:新更换同步带的张力为 28.5～31.3 N,正常使用中同步带的张力为 19.9～22.8 N。轴 4 同步带的张力:新更换上同步带的张力为 30.5～33.6 N,正常使用中上同步带的张力为 21.4～24.4 N;新更换下同步带的张力为 83.1～91.4 N,正常使用中下同步带的张力为 58.1～66.5 N	皮带张力计:
3	如果同步带的张力不正确,需进行调整	调整张力用的螺丝
4	如果同步带已磨损,需及时更换	

6) 步骤 6:检查信息标签

概述:工业机器人及其控制柜都贴有信息标签,其中包含产品的相关重要信息。这些信息对所有操作工业机器人系统的人员来说是非常有用的,所以有必要维护好信息标签的完整。

注意事项:应更换所有丢失或受损的信息标签。

7) 步骤 7:更换电池组

电池的剩余后备电量(工业机器人电源关闭)不足 2 个月时,将显示电池低电量警告(38213,电池电量低)。通常,如果工业机器人电源每周关闭 2 天,则新电池的使用寿命为 36 个月;而如果工业机器人电源每天关闭 16 小时,则新电池的使用寿命为 18 个月。对于较长的生产中断,通过电池关闭服务例行程序可延长电池的使用寿命(大约延长电池的使用寿命 3 倍)。

所需工具和设备:2.5 mm 内六角圆头扳手(长 110 mm)、刀具。

必需的耗材:塑料扎带。

电池组的位置:如图 2-36 所示。

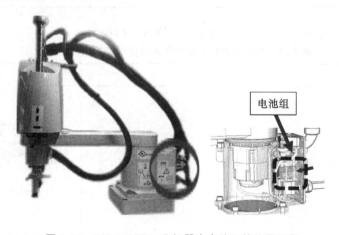

图 2-36 IRB 910SC 工业机器人电池组的位置示图

更换电池组:使用以下操作更换电池组。

(1) 做拆卸电池组前的准备工作,如表 2-39 所示。

表 2-39　IRB 910SC 工业机器人拆卸电池组前的准备工作

步骤	操作	图示
1	将工业机器人各轴调至其机械原点位置,以便于后续进行转数计数器更新操作	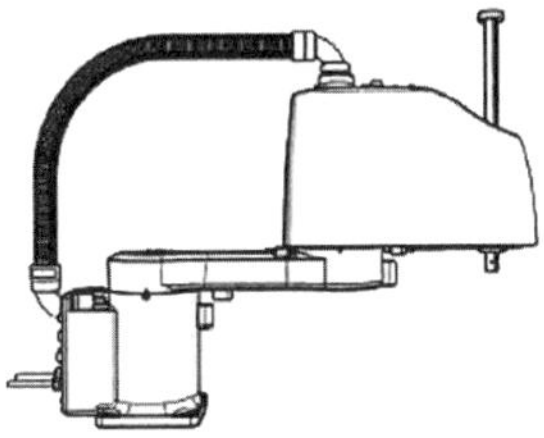
2	进入工业机器人工作区域之前,关闭连接到工业机器人的所有,包括工业机器人的电源、工业机器人的液压传动系统、工业机器人的气动系统	

(2) 拆卸电池组,操作如表 2-40 所示。

表 2-40　IRB 910SC 工业机器人拆卸电池组操作

步骤	操作	图示
1	确保电源、液压传动系统和气动系统都已经全部关闭	
2	该装置易受静电放电的影响,在操作之前,先阅读相关的安全信息及操作说明	
3	对于 clean room 版工业机器人:在拆卸工业机器人的零部件时,务必使用刀具切割漆层,以免漆层开裂,并打磨漆层毛边,以获得光滑表面	
4	卸下底座连接器盖子的螺丝并小心地打开盖子。注意:盖子上连着线缆	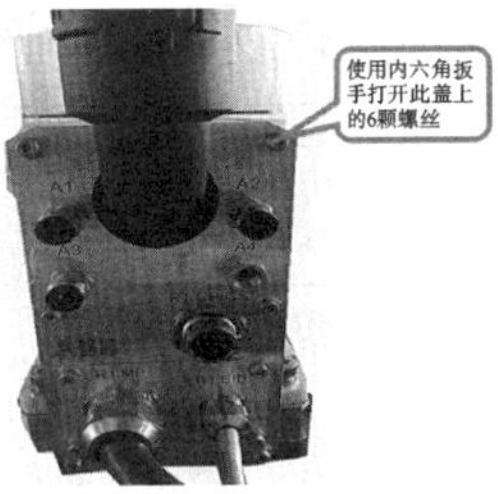 使用内六角扳手打开此盖上的6颗螺丝
5	断开 R2.MP1、R2.ME1 连接器。提示:在断开连接器前拍照记录,方便安装时对照	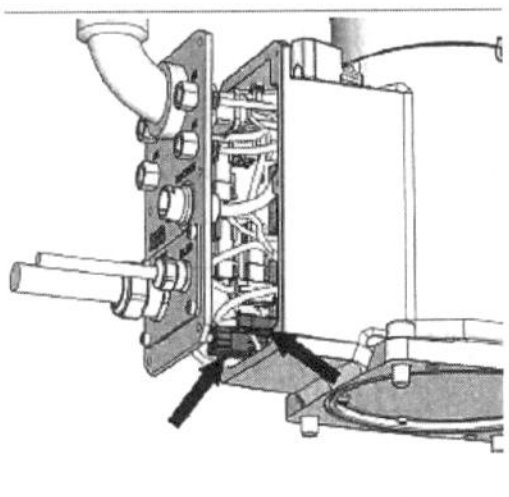

步骤	操作	图示
6	断开连接器 R1.BK1-2、R1.DBP 和 R2.BK1-2	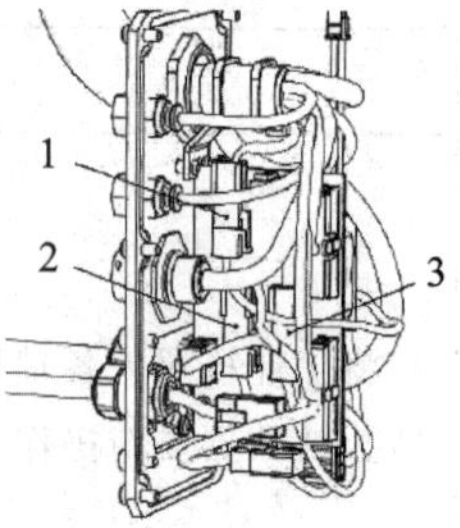 1—R1.BK1-2;2—R1.DBP;3—R2.BK1-2
7	割断固定 PCB 电路板的塑料扎带,然后小心取下 PCB 电路板	
8	断开电池的连接,割断固定用的塑料扎带,然后取下电池	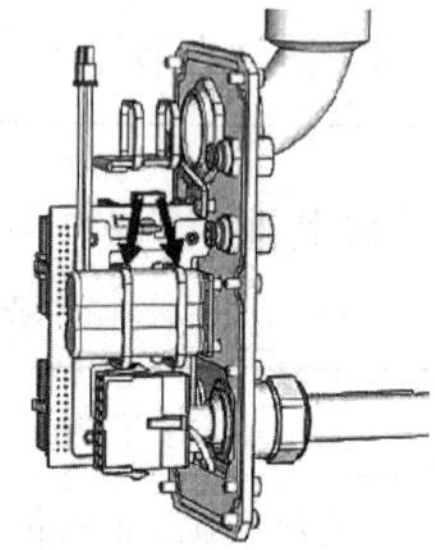

（3）重新安装电池组,操作如表 2-41 所示。

表 2-41　IRB 910SC 工业机器人重新安装电池组操作

步骤	操作
1	该装置易受静电放电的影响,在操作之前,先阅读相关的安全信息及操作说明
2	对于 clean room 版工业机器人:清洁已打开的接缝
3	安装电池并用塑料扎带固定。注意:电池内包含保护电路;应只使用规定的备件或 ABB 认可的同等质量的备件进行更换
4	将 PCB 电路板与电池用塑料扎带重新固定好
5	将 R1.BK1-2、R1.DBP、R2.BK1-2、R2.MP1、R2.ME1 连接器重新连接好
6	重新将盖子盖好
7	对于 clean room 版工业机器人:密封和对盖子与本体的接缝进行涂漆处理。注意:完成所有维修工作后,用蘸有酒精的无绒布擦掉工业机器人上的颗粒物

（4）最后步骤如表 2-42 所示。

表 2-42　IRB 910SC 工业机器人更换电池组最后操作

步骤	操作
1	更新转数计数器
2	对于 clean room 版工业机器人:清洁打开的关节相关部位并涂漆。注意:完成所有维修工作后,用蘸有酒精的无绒布擦掉工业机器人上的颗粒物

步骤	操作
3	试运行,确保在执行首次试运行时,电池满足所有安全要求

8) 步骤 8:IRB 910SC 工业机器人机械原点位置及转数计数器更新

IRB 910SC 工业机器人的六个关节轴各有一个机械原点,即各轴都有一个零点位置。当系统中设定的机械原点数据丢失后,需要进行转数计数器更新,以找回机械原点。IRB 910SC 工业机器人机械原点的位置如图 2-37 所示。

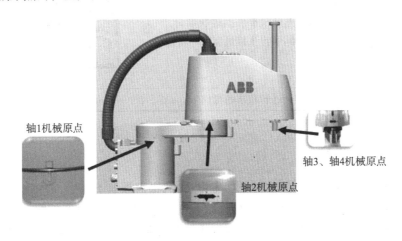

图 2-37 IRB 910SC 工业机器人机械原点的位置示图

轴 3 和轴 4 的机械原点位置,需要用专用的校准块校准,这个校准块在出厂时是与工业机器人一起发货的。IRB 910SC 工业机器人轴 3 和轴 4 机械原点位置校准操作如表 2-43 所示。

表 2-43 IRB 910SC 工业机器人轴 3 和轴 4 机械原点位置校准操作

步骤	操作	图示
1	通过将校准块上的平面部分对齐杆上的平面位置,来定位校准块	1—杆上的平面位置;2—校准块上的平面部分
2	当校准块的下端面和杆的下表面齐平时,慢慢锁紧螺丝,确保校准块不会掉落	

续表

步骤	操作	图示
3	慢慢旋转校准块上的把手,直至球销插入杆上的圆锥孔	
4	拧紧螺丝,将校准块固定在杆上	
5	一只手扶着校准块,另一只按住刹车释放按钮,手动将轴 3 往上推,直至校准块上的校准针刚刚接触到最上端的凹槽,不产生接触压力	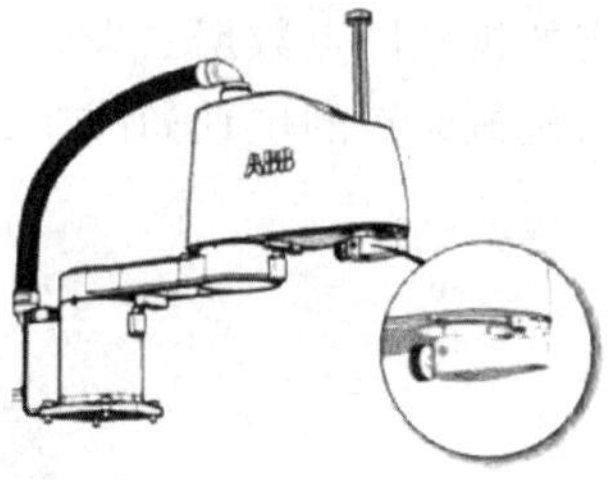
6	松开刹车释放按钮,继续进行校准的操作	

2.2.3 任务实施

对 ABB IRB 1410 工业机器人本体更换电池组,实操流程如下。

步骤 1:将工业机器人各个轴调至其机械原点位置,以便于后续进行转数计数器更新操作。

步骤 2:关闭连接到工业机器人的所有,包括工业机器人的电源、工业机器人的液压传动系统和工业机器人的气动系统。

步骤 3:卸下与控制柜连接的驱动电缆和信号电缆,用扳手拧开盖子上的 4 个螺钉。

步骤 4:小心打开盖子。注意:盖子上连着线缆。

步骤 5:将电池接头从 SMB 上拔下来。

步骤 6:割断固定电池的塑料扎带并从 EIB 单元取出电池。注意:电池内包含保护电路;应只使用规定的备件或 ABB 认可的同等质量的备件进行更换。

步骤 7:安装电池并用塑料扎带固定。注意:电池内包含保护电路;应只使用规定的备件或 ABB 认可的同等质量的备件进行更换。

步骤 8:插好电池连接插头。

步骤 9:将底座盖子重新安装好。

步骤 10:拧上 4 颗螺钉,并插回控制柜驱动电缆和信号电缆的接头。注意:应只使用原来的螺钉,切勿用其他螺钉替换。

步骤 11:更新转数计数器。

2.2.4 知识扩展

SMB 内存数据差异处理如下。

(1) 在 ABB 主菜单中选择校准。

(2) 点击 ROB_1,进入校准画面,选择 SMB 内存。

(3) 选择"高级",然后点击"清除控制柜内存"。

(4) 控制柜内存清除好后点击"关闭",然后点击"更新"。

(5) 选择"已交换控制柜或机械手,使用 SMB 内存数据更新控制柜"。

2.2.5 任务小结

经过学习 ABB 工业机器人本体维护一节,以 ABB 几种典型的工业机器人本体为例,通过从本体的清洁到本体各个部位的检查,使学生学习了工业机器人本体维护知识。

◀ 2.3 工业机器人本体硬件单元更换 ▶

本任务以 IRB 1410 工业机器人为例讲解如何更换工业机器人本体的故障单元,尤其是如何更换电机电缆。

在开始操作前,必须仔细阅读一般安全事项,以及更为具体的安全信息,这些安全信息介绍了在执行操作时存在的危险和安全风险,所以执行操作前,要先阅读这些一般安全事项和安全信息。另外,务必确保在开始任何维护工作前先对开展作业的工业机器人进行保护性接地。

2.3.1 任务目标与要求

在长期的工作中,由于工作环境恶劣、保养不当和老化(也有可能硬件不良)等原因,工业机器人本体硬件会出现故障,这时就必须对硬件进行更换,以保证工业机器人的正常工作。本任务主要讲解更换本体润滑油、本体电机、本体 SMB。学生通过对本任务的学习,应掌握 IRB 1410 工业机器人本体润滑油、本体电机、本体 SMB 的更换,同时学会其他型号工业机器人本体硬件的更换。

2.3.2 任务相关知识

1. 本体润滑油更换

ABB 工业机器人本体轴 1～4 齿轮箱应定期进行润滑,所用润滑油脂的型号是 MOBIL GEAR 600XP 320,货号为 1171 2016-604。一般情况下,可用表 2-44 中的润滑油脂替换 MOBIL GEAR 600XP 320。

表 2-44 ABB 工业机器人本体轴 1～4 润滑可用润滑油脂

品牌	型号	品牌	型号
BP	Energol GR-XP 320	Castrol	Alpha SP 320
ESSO	SPARTAN EP 320	KLUBER	LAMORA 320
Castrol	OPTIMOL OPTIGEAR 320 S	Shell	Omala Oil 320
CALTEX	Texaco Meropa 320		

在地面上安装时,IRB 1410 工业机器人本体内润滑油(BP)的容积如表 2-45 所示;悬挂安装时,IRB 1410 工业机器人本体内润滑油(BP)的容积如表 2-46 所示。IRB 1410 工业机器人轴 1～4 注油口位置示意图如图 2-38 所示。

表 2-45 IRB 1410 工业机器人本体内润滑油(BP)的容积(在地面上安装时)

齿轮箱	体积
轴 1 齿轮箱	2 000 mL

齿轮箱	体积
轴 2 和轴 3 齿轮箱	1 700 mL
轴 4 齿轮箱	30 mL

轴 4 加注润滑油时,需要将工业机器人轴 4 电机拆除,并且使工业机器人的状态如图 3-38 所示(保证电机口朝正上方)。

表 2-46　IRB 1410 工业机器人本体内润滑油(BP)的容积(悬挂安装时)

齿轮箱	体积
轴 1 齿轮箱	2 700 mL
轴 2 和轴 3 齿轮箱	1 700 mL
轴 4 齿轮箱	30 mL

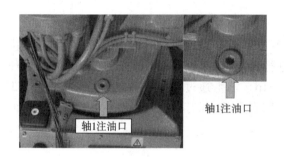

图 2-38　IRB 1410 工业机器人本体轴 1～4 注油口位置示意图

轴 5、轴 6 注油口位置如图 2-39 所示。润滑油通过 3 个油嘴注入轴 5 和轴 6。注油枪喷嘴应选 Orion 1015063 或同等类型。

容积:2 mL(0.000 53 美制加仑)。

轴 5 和轴 6 的润滑油:ABB 货号为 3HAB 3537-1,对应为 Shell Alvania WR2。

2. 本体电机更换

1)更换轴 1 电机

(1)拆卸轴 1 电机,操作如表 2-47 所示。

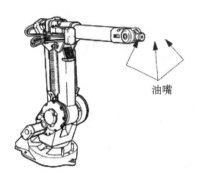

图 2-39 IRB 1410 工业机器人本体轴 5 和轴 6 注油口位置示意图

表 2-47 IRB 1410 工业机器人本体轴 1 电机拆卸操作

步骤	操作	图示
1	卸除电机盖	
2	松开连接器 R4.MP1 和 R4.FB1	
3	拧松螺丝,卸除接线盒	
4	注意卸除前电机的位置	
5	松开螺丝,松开电机	

轴 1~3 上的电机是一样的,要注意里面的连接线。轴 1 电机接线实物图如图 2-40 所示。

(2)组装轴 1 电机,操作如表 2-48 所示。

轴1电机

轴1电机后端盖打开图

图 2-40　IRB 1410 工为机器人本体轴 1 电机接线实物图

表 2-48　IRB 1410 工业机器人本体轴 1 电机组装操作

步骤	操作
1	检查组件表面是否干净,电机是否刮坏
2	释放制动闸,将 24 V 直流电应用于 R4. MP1 连接器上的电缆端子 7 和 8
3	安装电机,用约 2 N·m 转矩拧紧螺丝。注意电机的位置
4	参照齿轮箱内的齿轮调整电机
5	用螺丝将 3HAB 1201-1 曲柄工具固定在电机轴末端
6	旋转轴 1 至少 45°,以确保有很小的间隙
7	用 8.3 N·m（±10%）转矩拧紧螺丝
8	连接电缆
9	按转数计数器更新方法校准工业机器人

各轴电缆安装时不要忘记插头的连接。

2）更换其他轴电机

其余各轴（轴 2、轴 3、轴 4、轴 5、轴 6）电机的拆卸与电缆的更换可参阅 ABB 工业机器人随机光盘,也可在网络上自行下载相关文件供参阅。

3. 串行测量电路板（SMB）更换知识介绍及实践

（1）拆卸串行测量电路板,主要操作如表 2-49 所示。

表 2-49　IRB 1410 工业机器人本体串行测量电路板拆卸主要操作

步骤	操作
1	卸除法兰
2	切断管束周围的拉杆（塑料扎带）
3	用螺丝刀拧松串行测量电路板
4	松开触点,卸除串行测量电路板

（2）以与拆卸相反的顺序组装串行测量电路板。

2.3.3　任务实施

对 IRB 1410 工业机器人本体更换串行测量电路板,具体操作流程如下。

步骤 1：将工业机器人各个轴调至其机械原点位置，以便于后续进行转数计数器更新操作。

步骤 2：关闭连接到工业机器人的所有，包括工业机器人的电源、工业机器人的液压传动系统、工业机器人的气动系统。

步骤 3：卸下与控制柜连接的驱动电缆、信号电缆、气管，用扳手拧开法兰板上的 6 颗螺钉。

步骤 4：小心打开法兰板。注意：法兰板的背面连着线缆。

步骤 5：切断管束周围的拉杆（塑料扎带）。

步骤 6：用螺丝刀拧松串行测量电路板。

步骤 7：松开触点，卸除串行测量电路板。

步骤 8：重新安装新的串行测量电路板。

步骤 9：连接触点。注意：触点不要接错。

步骤 10：用螺丝刀拧紧串行测量电路板。

步骤 11：重新安装 SMB 电池组，并连接好插头。

步骤 12：用拉杆（塑料扎带）固定。

步骤 13：拧上 6 颗螺钉，并插回控制柜驱动电缆和信号电缆的接头以及气管。注意：应只使用原来的螺钉，切勿用其他螺钉替换。

步骤 14：更新转数计数器。

2.3.4 知识扩展

现阶段国内工业机器人厂商在高端领域不能直接与国外企业竞争，国内工业机器人的成功之道在于打通上下游产业链，生产经济型工业机器人本体，尤其是突破减速机等关键零部件。

1）国产工业机器人本体成功路径——打通上下游产业链

伺服系统、控制器、核心算法、精密减速器、应用和集成技术这五大核心技术被称为工业机器人本体的成功五要素。国产工业机器人本体要发展得好，这五大核心技术中至少要有 2 个是擅长的。首先，伺服系统和控制器这两块要吃透，然后在核心算法方面要做得比较好。高精度机械传动装置（即减速机）可以外购。应用和集成可以由工业机器人本体企业自己实施，也可以由集成商来完成。

2）打通上下游产业链——核心零部件

（1）国内工业机器人各核心零部件的现状。

现阶段虽然国内企业能够研制出核心零部件，但是在技术方面与国外有差距，还需要突破，特别是减速机。

对于伺服电机，欧美品牌最高端，日本企业的质量也很好。整体来讲，对于伺服电机，可选择的国外供应商比较多。国内伺服电机技术进步最大的是埃斯顿、广州数控和汇川技术。

控制器是国内企业比较拿手的，目前国内做得比较好的有固高科技、众为兴、埃斯顿、广州数控等企业，以及一些科研院所。

国外工业机器人企业和纳博、Harmonic 两家主要减速机制造企业是长期战略合作伙伴关系，而且它们需要的采购量也大，可以以较低的成本采购减速机。国内企业议价能力弱，采购成本比国外通常高 3～5 倍。三大关键零部件当中，减速机的利润空间最大，因此实现减速机国产化是国内工业机器人企业降低工业机器人本体成本，实现国产工业机器人本体销售量增长的关键。

需要重点讲下贝加莱和 KEBA，因为这两家企业不仅仅可以提供伺服系统和控制器，还可以提供整套机器人系统解决方案,国内很多工业机器人本体企业刚开始依靠的就是贝加莱和KEBA。

(2)在所有关键零部件中,减速机国产化是重中之重。

国内正在研制减速机,或者打算研制减速机的企业很多。以目前来看谐波减速机可能比较快实现国产化,RV减速机实现国产化可能还需要一些时间。如果谐波减速机能够较快突破,可以配合国内工业机器人本体企业,满足国内3C等行业对20 kg以下小型通用六轴工业机器人的强劲需求,推动工业机器人本体国产化的进程。

考虑到国内工艺水平以及企业经验欠缺,估计未来减速机实现国产化之后,在使用寿命和精度方面仍然会与国际一流产品有一定的差距。

(3)国内工业机器人本体企业突破关键零部件有两种思路。

思路一:走关键零部件自主研发路线。

思路二:走深度合作路线,即打通工业机器人产业上下游。

3)打通上下游产业链——工业机器人本体

与国外类似,国内许多工业机器人厂商起源于上下游相关产业。与国外不同的是,新松机器人自动化股份有限公司和哈尔滨博实自动化股份有限公司起源于科研院所转型,是我国进入机器人行业较早的企业。

(1)国内外工业机器人企业关注点不同。

国外工业机器人企业更关注前沿技术的发展,国内工业机器人企业更关注核心零部件的突破以及在低端产能行业中寻求规模突破。

国外工业机器人在国内市场也已经占据了稳固的地位,但是因为国内外对工业机器人的要求不一样,国内工业机器人企业也是有机会的。国外要求工业机器人可以运营10~15年,但成本很高,国内客户一般在2年内就可以把成本收回来了。所以中国的工业机器人市场对寿命的要求不高,但是对成本收回期要求高,要求在把人减下来的同时,回收期越短越好。

(2)经济型本体是主要发展方向。

在国内外对工业机器人行业的关注点不同的情况下,经济型本体是国产工业机器人本体现阶段发展方向。从广义上来讲,可以自由编程的自动化设备都算工业机器人,可以很好地实现人工替代。

由于国外工业机器人行业的发展伴随着汽车行业的成长,而且汽车行业对工业机器人精度、效率和稳定性的要求都非常高,在汽车领域,国内工业机器人企业短期不能和国外工业机器人企业竞争,因此,国内工业机器人企业应侧重开发应用于汽车产业以外一般制造业的经济型工业机器人。

(3)可自由编程的自动化设备。

从广义上来讲,可以自由编程的自动化设备都算工业机器人,可以很好地实现人工替代。以AGV为例,一台普通标配的AGV可以抵三个搬运工和一个司机加一台运输车,人工替代效果明显。从2010年开始,国内AGV市场需求成倍增长。目前AGV应用最多的是汽车行业,其次是3C行业。

2.3.5 任务小结

本任务通过讲解工业机器人本体硬件单元的更换,使学生具备了一定的理论知识储蓄,学生在后续应多多动手,以积累更多的经验,提高独立动手的能力。

◀ **项 目 总 结** ▶

本项目围绕工业机器人本体维护,以几种典型的工业机器人本体为例,从最简单的清洁工作入手,到本体各部分检查,详细讲述了如何进行工业机器人本体维护。本项目中的内容是较基础的日常维护知识。当工业机器人本体出现硬件故障时,就需要对工业机器人本体硬件进行更换,工业机器人本体硬件更换主要是更换本体润滑油、本体电机、本体串行测量电路板。对于设备管理与维护人员,这些知识是必备知识,同时对从事工业机器人相关工作的人员也有一定的帮助。

对于本项目,要重点掌握的内容是对工业机器人本体硬件进行更换。

◀ **思考与练习** ▶

一、单项选择题

1. ABB IRB 1410 工业机器人有( )个伺服电机。

A. 4　　　　　　B. 5　　　　　　C. 6　　　　　　D. 7

2. ABB 工业机器人的伺服电机属于( )。

A. 直流电机　　　B. 交流电机　　　C. 交、直流通用　　D. 以上都不是

3. PTC 指的是( )。

A. 正温度系数　　B. 加热器　　　　C. 色环电阻　　　D. 以上都不是

4. ABB 工业机器人电机制动闸的控制电压是( )。

A. AC 24 V　　　B. DC 24 V　　　C. AC 220 V　　　D. DC 220 V

5. ABB 工业机器人出现电池电量低的报警代码是( )。

A. 38123　　　　B. 37213　　　　C. 38213　　　　D. 37123

二、填空题

1. 工业机器人本体主要由 6 个伺服电机、_____、_____及各部分支承件组成。

2. ABB 工业机器人伺服电机的刹车电路_____成一路,PTC 热敏元件温度检测电路是_____成一路。

3. 工业机器人不工作时,6 个电机的刹车电路不通电,电机依靠刹车片_____固定,经过减速器后,整个机械机构锁死。工业机器人工作时,电机通电,刹车电路通电,刹车片松开,电机依靠_____固定。

4. ABB IRB 1410 工业机器人轴 1、轴 2、轴 3、轴 4 齿轮箱润滑油的容积(工业机器人在地面上安装时)分别是_____ mL、_____ mL、_____ mL、_____ mL。

5. ABB IRB 1410 工业机器人 SMB 电池有两种型号:两电极触点电池(3HAC16831-1),对应的 SMB 单元为 3HAC17396-1;三电极触点电池(3HAC044075-001),对应的 SMB 单元为3HAC046277-001。两电极触点电池(3HAC16831-1)的电压是_____ V。

项目 3
工业机器人控制柜维护保养

　　本项目主要对 ABB 工业机器人控制柜进行认知介绍，主要针对工业机器人控制柜周期维护的操作方法以及工业机器人控制柜故障单元更换进行讲解，使学生了解到不同工业机器人控制柜维护保养的方法各不相同，掌握工业机器人控制柜故障单元的更换方法，为今后的现场作业打下坚实的基础。

 【学习目标】

　　※ **知识目标**
　　1. 了解 ABB 工业机器人控制柜的结构。
　　2. 了解 ABB IRC5 工业机器人系统。
　　※ **技能目标**
　　1. 掌握工业机器人控制柜周期维护。
　　2. 掌握更换工业机器人控制柜故障单元。

◀ 3.1 ABB 工业机器人控制柜结构认知介绍 ▶

工业机器人控制柜是工业机器人的控制中枢。一般来说,ABB 中大型工业机器人(10 kg 以上)使用标准型控制柜,小型工业机器人(10 kg 及以下)可以使用紧凑型控制柜。标准型控制柜的防护等级为 IP 54,而紧凑型控制柜的防护等级为 IP 30,所以有时候会根据使用现场环境防护等级的要求选择标准型或紧凑型控制柜。

ABB 工业机器人控制柜内部主要结构如表 3-1 所示。

表 3-1　ABB 工业机器人控制柜内部主要结构

名称	功能	图示
主计算机	相当于电脑的主机,用于存放系统和数据	
系统电源模块	为工业机器人电源分配模块供电	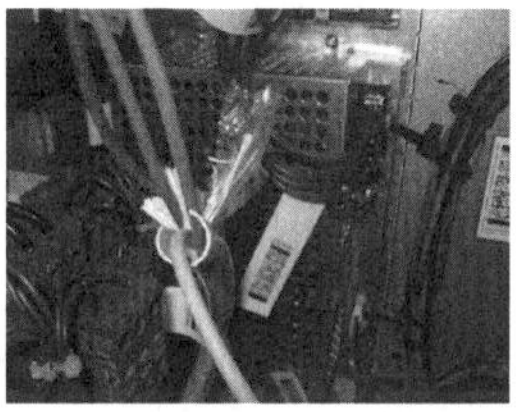
I/O 电源模块	为用户和 I/O 模块供电	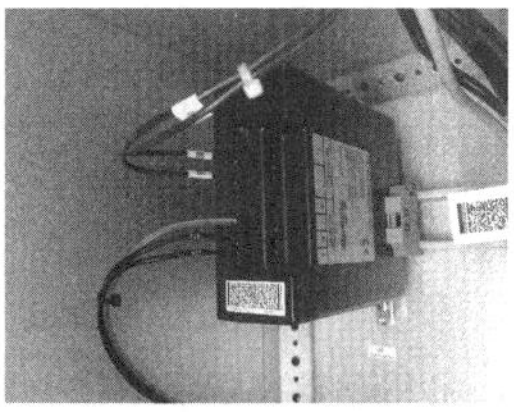
电源滤波器模块	为工业机器人系统电源模块提供干净、稳定的电源	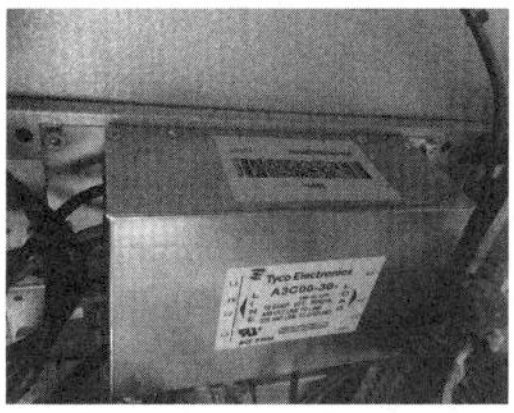

名称	功能	图示
电源分配模块	为控制柜各模块供电	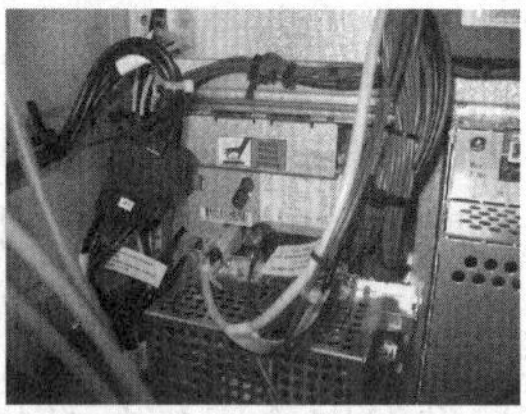
轴计算机模块	用于工业机器人各轴转数的计算	
安全面板模块	在控制柜正常工作时,安全面板上所有状态指示灯亮;急停按钮从这里接	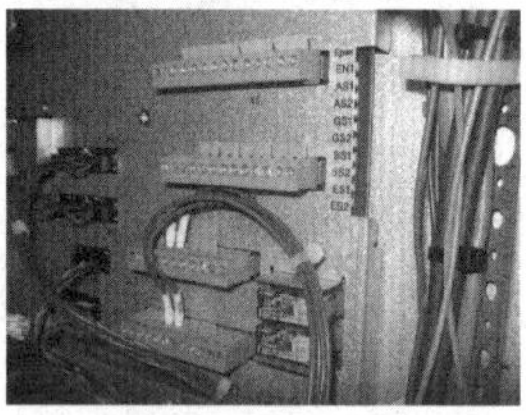
电容	充电和放电是电容的基本功能。此电容用于在工业机器人关闭电源后,保存数据后再断电,起延时断电作用	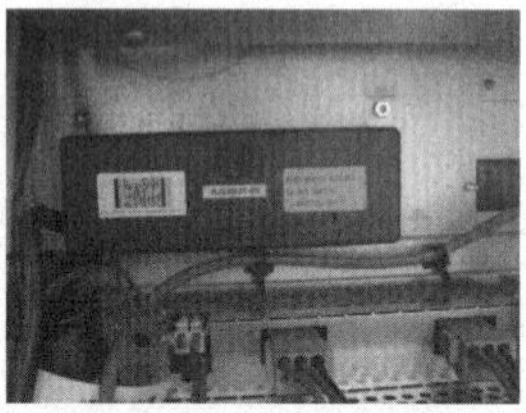
伺服驱动器	用于驱动工业机器人各轴的电机	
DSQC 652 I/O 模块	控制单元主板与 I/O LINK 设备的连接,控制单元主板与串行主轴和伺服轴的连接,控制单元 I/O 板与显示单元的连接(I/O 板有多种型号,根据使用情况进行选择)	

3.1.1 任务目标与要求

通过学习 ABB 工业机器人控制柜的结构,学生应了解 ABB 工业机器人标准型控制柜和紧凑型控制柜的内部结构,并且能够熟知每个部分的作用,同时会通过网络与其他品牌工业机器人控制柜进行对比学习,吸取更多的经验。

3.1.2 任务相关知识

1. ABB 工业机器人标准型控制柜的构成

ABB 工业机器人控制柜拥有卓越的运动控制功能,可快速集成附加硬件。IRC5 工业机器人控制柜是 ABB 第五代工业机器人标准型控制柜,融合 TrueMove、QuickMove 等运动控制技术,对提升工业机器人的性能,包括精度、速度、可编程性、外轴设备同步能力等,具有至关重要的作用。IRC5 工业机器人控制柜还配备有触摸屏、具备操纵杆编程功能的 FlexPendant 示教器、灵活的 RAPID 编程语言,并且具有强大的通信能力。

RobotWare 是 ABB 工业机器人控制柜的核心,所含选购插件可为工业机器人用户提供一系列丰富的系统功能,如多任务并行、向工业机器人传输文件信息、与外部系统通信等。

SafeMove 的问世是工业机器人摆脱原有束缚迈出的关键性一步,也为人机协作的实现奠定了基础。SafeMove 依照国际安全标准开发并通过相关测试,是一种基于电子/软件控制技术的解决方案,能严格确保工业机器人运动的安全性和可预测性。

ABB 工业机器人标准型控制柜结构图如图 3-1 所示。

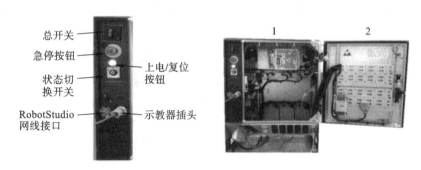

图 3-1 ABB 工业机器人标准型控制柜结构图

1—控制柜内主要的模块包含变压器、主计算机、轴计算机、驱动单元和串行测量单元
2—控制柜门上挂载 ABB 标准 I/O 板、用户 DC 24 V 电源以及第三方的 I/O 模块和中间继电器

ABB 工业机器人标准型控制柜线路接口如图 3-2 所示。

图 3-2 ABB 工业机器人标准型控制柜线路接口

ABB 工业机器人标准型控制柜内部模块分布情况如图 3-3 所示。

ABB 工业机器人标准型控制柜柜门结构如图 3-4 所示。

从工业机器人标准型控制柜的背面卸下防护盖,可以看到散热风扇与变压器,如图 3-5 所

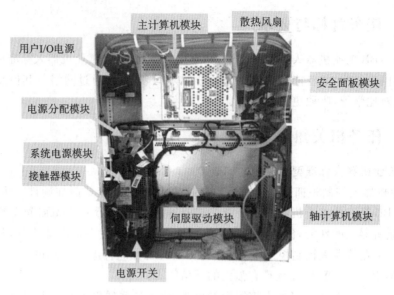

图 3-3　ABB 工业机器人标准型控制柜内部模块分布情况

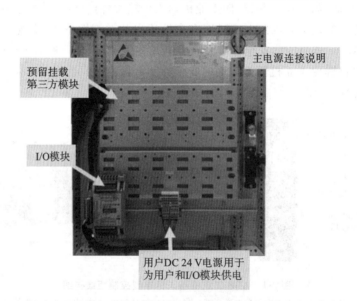

图 3-4　ABB 工业机器人标准型控制柜柜门结构示图

示。注意:在拆下防护盖前,要先断开主电源。

2. ABB 工业机器人紧凑型控制柜的构成

IRC5C 工业机器人控制柜是 ABB 第二代工业机器人紧凑型控制柜。作为 IRC5 工业机器人控制柜家族的一员,IRC5C 工业机器人控制柜将同系列常规工业机器人控制柜的绝大部分功能与优势浓缩于仅 310 mm(高)×449 mm(宽)×442 mm(深)的空间内,可谓"麻雀虽小,五脏俱全"。

"IRC5C 工业机器人控制柜比常规尺寸的 IRC5 工业机器人控制柜要小 87%",ABB 工业机器人控制柜产品经理 Henrik Jerregard 介绍说,"因此更容易集成,更节省宝贵空间,通用性也更强,同时丝毫不牺牲系统性能。IRC5 工业机器人控制柜还是我们小型工业机器人系列的最佳搭档"。

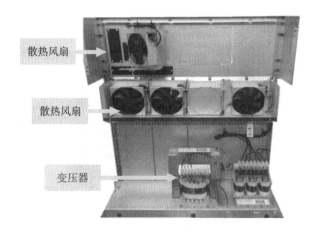

图 3-5　ABB 工业机器人标准型控制柜背侧结构示图

IRC5C 工业机器人控制柜的操作面板采用精简设计,实现了线缆接口的改善,以增强使用的便利性和操作的直观性。例如:已预设所有信号的外部接口,并内置可扩展 16 路输入/16 路输出 I/O 系统。IRC5C 工业机器人控制柜虽然机身小巧,但运动控制性能毫不亚于常规尺寸的工业机器人控制柜。IRC5C 工业机器人控制柜配备有以 TrueMove 和 QuickMove 为代表的运动控制技术,为 ABB 工业机器人在精度、速度、节拍时间、可编程性及外部设备同步性等指标上展现杰出性能奠定了坚实的基础。有了 IRC5C 工业机器人控制柜,增设附加硬件与传感器(如 ABB 集成视觉)变得格外轻松、便捷。

ABB 工业机器人紧凑型控制柜操作面如图 3-6 所示。

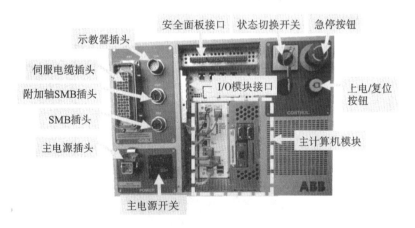

图 3-6　ABB 工业机器人紧凑型控制柜操作面示图

ABB 工业机器人紧凑型控制柜内部结构如图 3-7 至图 3-10 所示。

3.1.3　任务实施

通过网络或者其他资源,对四大家族的工业机器人控制柜结构进行分析对比(ABB 工业机器人控制柜型号为 IRC5,KUKA 工业机器人控制柜型号为 KUKA KR C4,FANUC 工业机器人控制柜型号为 R-30iA,YASKAWA 工业机器人控制柜型号为 DX 200),并整理成文档(可配相关的图片以辅助文字说明,从主要参数,如外观、尺寸、质量等方面进行对比分析)。

图 3-7　ABB 工业机器人紧凑型控制柜内部结构示图(打开控制柜上方的盖子)

图 3-8　ABB 工业机器人紧凑型控制柜内部
结构示图(从控制柜左侧打开盖子)

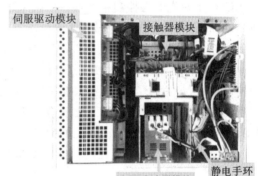

图 3-9　ABB 工业机器人紧凑型控制柜内部
结构示图(从控制柜右侧打开盖子)

图 3-10　ABB 工业机器人紧凑型控制柜内部结构示图(从控制柜后面打开盖子)

3.1.4　知识扩展

工业机器人在开机时进入了系统故障状态,应做以下处理。

(1) 重新启动一次工业机器人。

(2) 如果不行,则从示教器上查看是否有更详细的报警提示,并进行处理。

(3) 重新启动工业机器人。

（4）如果还不能解除故障,则尝试 B 启动。

（5）如果还不行,则尝试 P 启动。

（6）如果还不行,则尝试 I 启动(这将使工业机器人回到出厂设置状态,小心)。

3.1.5　任务小结

本任务主要对 ABB 工业机器人控制柜结构进行讲解,IRC5 工业机器人控制柜与 IRC5C 工业机器人紧凑型控制柜外观区别很大,但功能相同。

◀ 3.2　IRC5 工业机器人系统认知 ▶

3.2.1　任务目标与要求

本任务主要介绍 ABB 工业机器人控制柜及控制软件。IRC5 工业机器人控制柜集成度相当高,内部利用多个模块相互连接,若某一模块出现故障,可快速更换此模块,从而消除故障。IRC5 工业机器人控制柜的内嵌软件 RobotWare 功能强大,可进行柔性配置。

3.2.2　任务相关知识

RobotWare 是 IRC5 工业机器人控制柜的内嵌软件,用于提高工业机器人用户的生产效率,降低工业机器人的拥有与运行成本。作为一款功能强大、柔性超高的可配置软件,RobotWare 以 ABB 工业机器人编程语言 RAPID 为核心,可针对各类工艺应用开发结构完善的解决方案。此外,RobotWare 融合 ABB 先进的运动技术,实现了工业机器人最佳运行性能,使得 ABB 工业机器人路径跟踪精度之高、节拍时间之短均达到同类产品之最。

除具备强大的基本功能以外,RobotWare 还提供满足不同需求的高级选项,如连接各类 I/O 控制现场总线,全面支持各种工艺应用(点焊、弧焊、挤胶、拾料、喷涂等)等。

IRC5 工业机器人系统配置介绍如表 3-2 所示。

表 3-2　IRC5 工业机器人系统配置介绍

单元	类别	详细说明
性能	控制硬件	(1)采用多处理器系统; (2)采用 PCI 总线; (3)采用 pentium CPU; (4)具有大容量 U 盘或硬盘; (5)具有应对断电的备用能源组; (6)具有 USB 存储接口
	控制软件	(1)可目标化数据; (2)采用高级 RAPID 机器人语言编程; (3)便携,开放,可扩容; (4)采用 PC-DOS 文件格式; (5)支持 RobotWare 软件产品; (6)可预装软件,另有 CD-ROM 可供安装

续表

单元	类别	详细说明
电气连接	电源电压	200～600 V，50～60 Hz，可采用一体化变压器或直接与电网连接
物理数据	控制模块	尺寸：625 mm×700 mm×700 mm。质量：105 kg
	驱动模块	尺寸：625 mm×700 mm×700 mm。质量：145 kg
使用环境	环境温度	5～45 ℃
	环境相对湿度	最大 95%
	保护等级	IP 54
用户界面	控制面板	机箱或者遥控
	FlexPendant 示教器	重 1.3 kg，具有图形化彩色触摸屏、操纵杆和急停装置，仅有 4 个按键
	维护	(1)具有 LED 状态指示灯； (2)具有自动诊断软件； (3)具有恢复程序； (4)支持带时间标记的信息记录
	安全性	(1)具有安全停止和紧急停止装置； (2)具有带监督功能的 2 通道安全回路； (3)具有 3 位启动装置
机器界面	输入和输出	最多 1 024 个信号
	数字	24 V 直流或继电器信号
	模拟	2×(0～10 V)，3×(±10 V)，1×(4～20 mA)
	串行通道	1×RS-232/RS-422
	网络通道 2 条	以太网；服务器和 LAN
	现场总线扫描器	DeviceNet，INTERBUS，PROFIBUS DP，DeviceNet 网关，Alllen-Bradley，远程 I/O，CC_Link
	离散型 I/O	16 进 16 出 24V DC 100 mA
	过程编码器、过程接口	最多 6 条通道，上臂预留通信与信息接口，控制柜内预留其他设备空间

3.2.3　任务实施

通过网络或者其他资源，对四大家族的工业机器人控制柜结构进行分析对比（ABB 工业机器人控制柜型号为 IRC5，KUKA 工业机器人控制柜型号为 KUKA KR C4，FANUC 工业机器人控制柜型号为 R-30iA，YASKAWA 工业机器人控制柜型号为 DX 200），并整理成文档（可配相关的图片以辅助文字说明，从性能、电气连接、使用环境、用户界面、机器界面等方面进行对比分析）。

3.2.4　知识扩展

1. 机器人系统

机器人系统是由机器人、作业对象和环境共同构成的整体，包括机械系统、驱动系统、控制

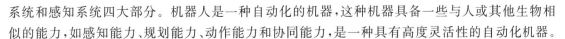

系统和感知系统四大部分。机器人是一种自动化的机器,这种机器具备一些与人或其他生物相似的能力,如感知能力、规划能力、动作能力和协同能力,是一种具有高度灵活性的自动化机器。

2. 机器人的定义

至今还没有机器人的统一定义。要给机器人下一个合适的并为人们普遍所接受的定义是困难的。专家们采用不同的方法来定义这个术语。它的定义还因公众对机器人的想象以及科学幻想小说、电影和电视中对机器人形状的描绘而变得更为困难。为了规定技术、开发机器人新的工作能力、比较不同国家和公司的成果,需要对机器人这一术语有某些共同的理解。现在,世界上对机器人还没有统一的定义,各国有自己的定义。这些定义之间差别较大。产生这些差别的部分原因是很难区别简单的机器人和与其密切相关的运送材料的刚性自动化技术装置。

美国机器人工业协会(RIA)把机器人定义为"一种用于移动各种材料、零件、工具或专用装置的,通过可编程序动作来执行种种任务的,并具有编程能力的多功能机械手"。显然,这里指的是工业机器人。

日本工业机器人协会(JIRA)定义工业机器人为"一种装备有记忆装置和末端执行器的,能够转动并通过自动完成各种移动来代替人类劳动的通用机器"。

3. 系统组成

机器人系统是由机器人和作业对象及环境共同构成的,包括机械系统、驱动系统、控制系统和感知系统四大部分。

(1)机械系统。

机械系统包括机身、臂部、手腕、末端执行器和行走机构等部分,每一部分都有若干自由度,从而构成一个多自由度的机械系统。此外,有的机器人还具备行走机构。若机器人具备行走机构,则构成行走机器人;若机器人不具备行走及腰转机构,则构成单机器人臂。末端执行器是直接装在手腕上的一个重要部件,它可以是两手指或多手指的手爪,也可以是喷漆枪、焊枪等作业工具。机器人的机械系统相当于人的肢体(如骨骼、手、臂和腿等)。

(2)驱动系统。

驱动系统主要是指驱动机械系统动作的驱动装置。根据驱动源的不同,驱动系统可分为电气驱动系统、液压驱动系统和气压驱动系统以及把它们结合起来应用的综合系统。机器人的驱动系统相当于人的肌肉。

电气驱动系统在工业机器人中应用得较普遍,具有步进电动机驱动、直流伺服电动机驱动和交流伺服电动机驱动三种驱动形式。早期多采用步进电动机驱动,后来发展了直流伺服电动机驱动,现在交流伺服电动机驱动也逐渐得到应用。上述驱动单元有的用于直接驱动机构运动;有的通过谐波减速器减速后驱动机构运动,结构简单且紧凑。

液压驱动系统运动平稳,且负载能力大。对于用于重载搬运和零件加工的机器人,采用液压驱动比较合理。但液压驱动系统存在管道复杂、清洁困难等缺点,限制了它在装配作业中的应用。

无论是电气驱动的机器人还是液压驱动的机器人,手爪开合都采用气动驱动形式。气压驱动系统结构简单、动作迅速、价格低廉,但由于空气具有可压缩性,工作速度的稳定性较差。但是,空气的可压缩性可使手爪在抓取或卡紧物体时的顺应性提高,防止受力过大而造成被抓物体或手爪本身的破坏。气压驱动系统的压力一般为 0.7 MPa,因而抓取力小,一般只有几十牛到几百牛大小。

(3)控制系统。

控制系统的任务是根据机器人的作业指令程序及从传感器反馈回来的信号控制机器人的

执行机构,使其完成规定的运动和功能。

如果机器人不具备信息反馈特征,则该控制系统称为开环控制系统;如果机器人具备信息反馈特征,则该控制系统称为闭环控制系统。机器人控制系统主要由计算机硬件和控制软件组成。软件主要由人与机器人进行联系的人机交互系统和控制算法等组成。机器人的控制系统相当于人的大脑。

(4)感知系统。

感知系统由内部传感器和外部传感器组成,作用是获取机器人内部和外部环境信息,并把这些信息反馈给控制系统。内部传感器用于检测各关节的位置、速度等变量,为闭环控制系统提供反馈信息。外部传感器用于检测机器人与周围环境之间的一些状态变量,如距离、接近程度和接触情况等,用于引导机器人,便于机器人识别物体并做出相应处理。外部传感器可使机器人以灵活的方式对它所处的环境做出反应,赋予机器人一定的智能。机器人的感知系统相当于人的五官。

4. 工作原理

机器人系统实际上是一个典型的机电一体化系统,它的工作原理为:控制系统发出动作指令,控制驱动器动作,驱动器带动机械系统运动,使末端执行器到达空间某一位置和实现某一姿态,实施一定的作业任务;末端执行器在空间的实际位姿由感知系统反馈给控制系统,控制系统将实际位姿与目标位姿相比较,发出下一个动作指令,如此循环,直到完成作业任务为止。

3.2.5　任务小结

本任务主要对 ABB IRC5 工业机器人控制柜进行分析,从各种数据出发,让学生对 IRC5 工业机器人系统产生全面的了解。同时,学生也应自主了解其他品牌工业机器人系统,进而形成对比。要想学好机器人,一定要了解工业机器人控制柜及控制柜软件,这样才能做到事半功倍。

◀ 3.3　工业机器人控制柜周期维护 ▶

3.3.1　任务目标与要求

大家对"体检"这个词并不陌生,在好多公司都有定期体检这件事,通过体检人们可以知道自身的一些状况。工业机器人也不例外,不论是标准型控制柜还是紧凑型控制柜,都需要做周期维护、定期检查,这样才能及时发现问题并处理问题,保证工业机器人正常工作。

3.3.2　任务相关知识

1. 工业机器人标准型控制柜的周期维护

必须对工业机器人标准型控制柜进行定期维护,以确保其功能正常。在不可预测的情形下出现异常也要对工业机器人控制柜进行检查。

设备点检是一种科学的设备管理方法。它是指利用人的五官或简单的仪器、工具,对设备进行定点、定期的检查,对照标准发现设备的异常现象和隐患,掌握设备故障的初期信息,以便及时采取对策,将故障消灭在萌芽阶段。

一般应针对工业机器人控制柜的类型制订日点检表和定期点检表。例如,工业机器人标准型控制柜 IRC5 日点检表及定期点检表中列出的是与工业机器人标准型控制柜 IRC5 直接相关的点检项目。

工业机器人标准型控制柜 IRC5 是与工业机器人本体配合使用的,所以它的点检要配合工业机器人本体的点检一起进行。

工业机器人标准型控制柜日点检项目表如表 3-3 所示。

表 3-3　工业机器人标准型控制柜日点检项目表

步骤	1	2	3	4	5	6
检查项目	控制柜清洁,四周无杂物	通风良好	检查示教器功能是否正常	控制柜运行正常	检查安全防护装置是否运作正常、急停按钮是否正常等	检查其他按钮/开关的功能
要求标准	无灰尘异物	清洁,无污染	显示正常	正常控制工业机器人	安全装置运作正常,急停按钮正常	密封性完好,无漏气
方法	擦拭	测	看	试	测试	听、看

1)日点检步骤解析

(1)步骤 1:控制柜清洁,四周无杂物。

在控制柜的周边要留出足够的空间与位置,以便于操作与维护,如图 3-11 所示。如果不能达到此项要求,要及时做出整改。

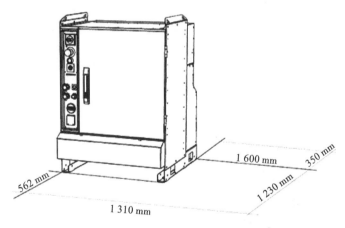

图 3-11　工业机器人标准型控制柜周边预留空间示图

(2)步骤 2:保持通风良好。

对于电气元件来说,保持一个合适的工作温度是相当重要的。使用环境的温度过高,会触发工业机器人本身的保护机制而报警。如果不及时处理而长时间地高温运行,就会损坏工业机器人与电气相关的模块与元件。

(3)步骤 3:检查示教器功能是否正常。

每天在开始操作之前,一定要先检查示教器的所有功能,应保证示教器所有的功能均正常,否则可能会因为误操作而造成人身的安全事故。

工业机器人标准型控制柜示教器功能检测如表 3-4 所示。

表 3-4　工业机器人标准型控制柜示教器功能检测

图示	对象	检查
	触摸屏	显示正常,触摸对象时无漂移
	按钮	功能正常
	摇杆	功能正常

（4）步骤 4:控制柜运行正常。

工业机器人控制柜运行正常的表现是:控制柜正常上电后,示教器上无报警;控制柜背面的散热风扇运行正常。

（5）步骤 5:检查安全防护装置是否运作正常、急停按钮是否正常等。

一般地,在紧急情况下,应第一时间按下急停按钮。ABB 工业机器人的急停按钮一般有两个,分别位于控制柜和示教器上。可以手动与在自动状态下对急停按钮进行测试并复位,确认它的功能正常。工业机器人急停按钮位置示图如图 3-12 所示。

如果使用安全面板模块上安全保护机制 AS、GS、SS、ES 侧对应的安全保护功能,也要进行测试。工业机器人控制柜安全面板模块示图如图 3-13 所示。

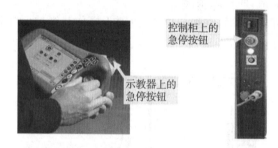

图 3-12　工业机器人急停按钮位置示图

图 3-13　工业机器人控制柜安全面板模块示图

（6）步骤 6:检查其他按钮/开关的功能。

工业机器人在实际使用中必然会有周边的配套的设备,这些设备同样使用按钮/开关实现功能,所以在开始作业之前,要进行包括工业机器人本身与周边设备的按钮/开关的检查与确认。

2）月点检内容解析

工业机器人标准型控制柜月点检项目表如表 3-5 所示。

表 3-5　工业机器人标准型控制柜月点检项目表

检查周期	每 1 个月	每 6 个月	每 12 个月
检查项目	清洁示教器	散热风扇的检查	（1）清洁散热风扇； （2）清洁控制柜内部； （3）检查上电接触器 K42、K43； （4）检查刹车接触器 K44； （5）检查安全回路
方法			擦拭、测、看、听、试

（1）每 1 个月：清洁示教器。

根据使用说明书中的要求，ABB 工业机器人示教器要求最起码每个月清洁一次。一般地，使用拧干的纯棉湿毛巾（防静电）擦拭示教器，如图 3-14 所示。如果有必要，可使用稀释的中性清洁剂清洁示教器。

图 3-14　清洁工业机器人示教器

（2）每 6 个月：散热风扇的检查。

在开始散热风扇检查作业之前，需关闭工业机器人控制柜的主电源。

工业机器人标准型控制柜散热风扇的检查操作如图 3-15 所示。

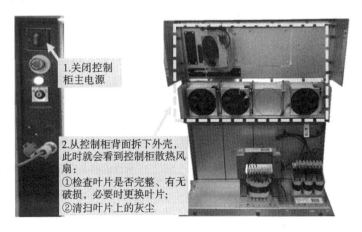

1.关闭控制柜主电源

2.从控制柜背面拆下外壳，此时就会看到控制柜散热风扇：
①检查叶片是否完整、有无破损，必要时更换叶片；
②清扫叶片上的灰尘

图 3-15　工业机器人标准型控制柜散热风扇的检查操作

（3）每12个月。

①清洁散热风扇。在开始散热风扇清洁作业之前,需关闭工业机器人控制柜的主电源。工业机器人标准型控制柜散热风扇的清洁操作如图 3-16 所示。

图 3-16　工业机器人标准型控制柜散热风扇的清洁操作

②清洁控制柜内部。

在开始控制柜内部清洁作业之前,需关闭工业机器人控制柜的主电源。

工业机器人标准型控制柜内部的清洁操作如图 3-17 所示。

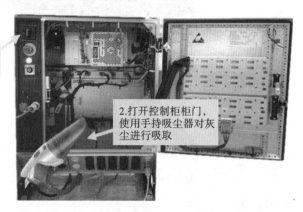

图 3-17　工业机器人标准型控制柜内部的清洁操作

③检查上电接触器 K42、K43,操作如图 3-18 所示。

④检查刹车接触器 K44,操作如图 3-19 所示。

⑤检查安全回路。

a.安全面板上的接线端子 X1、X2、X5、X6(见图 3-20)根据实际需要进行接线。具体的安全面板说明可查看机械工业出版社出版的《工业机器人实操与应用技巧》。

b.根据实际的使用情况,在保证安全的情况下,触发安全信号,检查工业机器人是否有对应的响应。检查工业机器人标准型控制柜安全回路响应信息的操作如表 3-6 所示。

表 3-6　检查工业机器人标准型控制柜安全回路响应信息的操作

触发以下的安全信号	示教器将会发生以下的报警信息
auto stop,自动停止	20205,自动停止已打开
general stop,常规停止	20206,常规停止已打开
superior stop,上级停止	20215,上级停止已打开

2.点击"状态信息栏"

1.在手动状态下，按下使能器，使其处于中间位置，使工业机器人进入"电机上电"状态

3.出现"10011 电机上电(ON)状态"，说明状态正常。如果出现"37001 电机上电(ON)接触器启动错误"，则需重新测试，如果还不能消除故障，应根据报警提示进行处理

4.在手动状态下，松开使能器

5.出现"10012 安全防护停止状态"，说明状态正常。如果出现"20227 电机接触器，DRV1"，则需重新测试，如果还不能消除故障，应根据报警提示进行处理

图 3-18 工业机器人标准型控制柜上电接触器检查操作

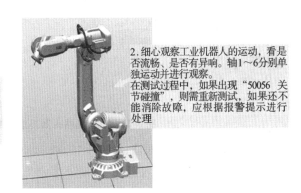

1.在手动状态下，按下使能器，使其处于中间位置，使工业机器人进入"电机上电"状态。以单轴、慢速小范围使工业机器人运动

2.细心观察工业机器人的运动，看是否流畅、是否有异响。轴1～6分别单独运动并进行观察。在测试过程中，如果出现"50056 关节碰撞"，则重新测试，如果还不能消除故障，应根据报警提示进行处理

3.在手动状态下，松开使能器

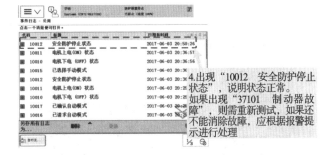

4.出现"10012 安全防护停止状态"，说明状态正常。如果出现"37101 制动器故障"，则需重新测试，如果还不能消除故障，应根据报警提示进行处理

图 3-19 工业机器人标准型控制柜上刹车接触器检查操作

2. 工业机器人紧凑型控制柜的周期维护

工业机器人紧凑型控制柜重点维护步骤解析：在工业机器人紧凑型控制柜的周边要留出足够的空间与位置，以便于操作与维护，如图 3-21 所示。如果不能达到此项要求，要及时做出整改。

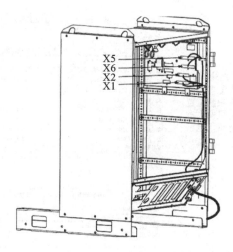

图 3-20　工业机器人标准型控制柜安全面板接线端子示图

工业机器人紧凑型控制柜的周期维护包括以下两项内容。

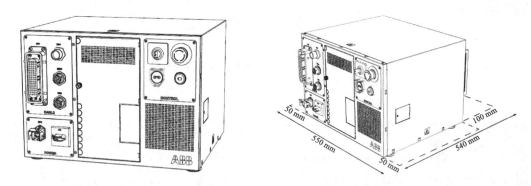

图 3-21　工业机器人紧凑型控制柜及其空间位置图

（1）散热风扇的检查与清洁。

工业机器人紧凑型控制柜散热风扇的检查与清洁操作如图 3-22 所示。

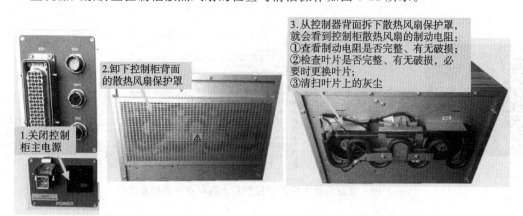

图 3-22　工业机器人紧凑型控制柜散热风扇的检查与清洁操作

（2）安全回路的检查。

工业机器人紧凑型控制柜安全回路的检查如图 3-23 所示。

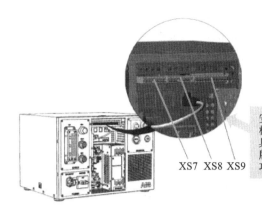

安全面板上的接线端子XS7、XS8、XS9,
根据实际需要进行接线。
具体的安全面板说明可查看机械工业出
版社出版的《工业机器人实操与应用技
巧》

XS7 XS8 XS9

图 3-23 工业机器人紧凑型控制柜安全回路的检查

3.3.3 任务实施

以 ABB 工业机器人控制柜为例,根据 ABB 工业机器人手册(可自行下载),分析 IRC5 标准型控制柜与 IRC5C 紧凑型控制柜,以文档形式体现两种控制柜的优点与缺点。

3.3.4 知识扩展

1. 维护周期

维护周期是指为了保障机器或设备正常的工作而对机器或设备进行检查和简单的排除故障工作的频率。

2. 详细解释

以解释词语"维护"和"周期"来详细解释"维护周期"。

维护:在外场以及外站有限条件下进行的不包括修理工作在内的例行检查和简单的排除故障工作(多用于航空科技和航空器维修工程);为了在规定范围内使参与建立通信连接的部件完成建立和保持连接所需的全部操作,如安装调测、编制维护流程、例行维护测量、对故障进行定位并清除故障(多用于通信科技运行、管理)。

周期:事物在运动、变化过程中,多次重复出现的某些特征连续两次出现所经过的时间。

顾名思义,维护周期就是为了保证设备正常运作而进行检查和简单的排除故障工作的频率。

3.3.5 任务小结

本任务主要对 ABB 工业机器人 IRC5 标准型控制柜进行周期性的维护,以标准型控制柜和紧凑型控制柜为例进行了维护说明。

◀ 3.4 更换控制柜故障单元(以标准型控制柜为例) ▶

更换控制柜故障单元注意事项:控制柜内有高压电,就算控制柜断电,里面电路中也会有电流;控制柜里面的电路板存在静电,接触时要做好静电放电防护,拔插时注意不要强行向外拔出,每个插头上面都有小卡扣,一定要按下小卡扣,再轻轻地拔。

在进行工业机器人的安装、维修和保养时,切记将总电源关闭。带电作业可能会产生致命性后果。如果不慎遭高压电电击,可能会导致心跳停止、烧伤或其他严重伤害。

静电放电是指电势不同的两个物体间的静电传导。静电可以通过直接接触传导,也可以通过感应电场传导。搬运部件或装有部件的容器时,未接地的人员可能会传导大量的静电。静电放电可能会损坏敏感的电子设备,所以在有此标识的情况下,要做好静电放电防护,如图 3-24所示。

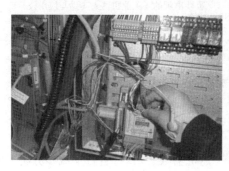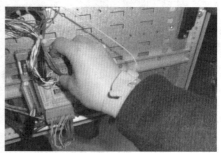

图 3-24　工业机器人控制柜静电手环佩戴

ABB 工业机器人控制柜主计算机主板是主计算机的关键部件,起着至关重要的作用。由于它的集成度越来越高,维修 ABB 工业机器人控制柜主计算机主板的难度越来越大,需要专业的维修技术人员借助专门的数字检测设备才能完成。ABB 工业机器人控制柜主计算机主板集成的组件和电路多而复杂,容易引起故障,所引起的故障中也不乏客户人为造成的。

对于工业机器人控制柜主计算机主板故障做以下原因分析。①人为因素:热插拔硬件非常危险,许多主计算机主板故障都是热插拔引起的,带电插拔装板卡及插头时用力不当造成对接口、芯片等的损害,从而导致主计算机主板损坏。②内因:随着使用 ABB 工业机器人时间的延长,主计算机主板上的元器件自然老化,从而导致主计算机主板故障。③环境因素:由于操作者的保养不当,工业机器人控制柜主计算机主板上布满了灰尘,可以造成信号短路,此外,静电也常造成主计算机主板上芯片(特别是 CMOS 芯片)被击穿,引起主计算机主板故障。应特别注意工业机器人控制柜主计算机的通风、防尘,减少因环境因素引起的主计算机主板故障。

3.4.1　任务目标与要求

在工业机器人长期的工作中,由于工作环境恶劣、保养不当和老化(也有可能硬件不良)等原因,工业机器人控制柜硬件出现故障,这时必须对工业机器人控制柜硬件进行更换,以保证工业机器人的正常工作。本节任务以更换工业机器人控制柜各模块单元为目标,要求学生学会计算机模块、驱动单元模块、总线与 I/O 模块、冷却系统模块、安全面板、轴计算机板、接触器接口板、变压器单元、制动电阻泄漏器、备用能源组的更换,且能够独立动手完成更换操作。

3.4.2　任务相关知识

1. 电源系统模块功能介绍及更换

主控制电源:主要是为工业机器人控制柜中提供 24 V DC 主电源,然后输送给电源分配板,为电源分配板供电。

电源分配板:主要为工业机器人各部分分配 24 V DC 电源。

用户电源：主要是为用户提供 24 V DC 电源，方便用户使用，需要和工业机器人控制部分 24 V DC 电源隔开，二者不是同一个回路。

工业机器人控制柜电源系统模块如图 3-25 所示。

图 3-25　工业机器人控制柜电源系统模块

1）主控制电源

ABB 工业机器人控制柜主控制电源主要是为工业机器人控制柜内部提供 24 V DC 电源。下面我们一起来学习主控制电源拆装。

（1）主控制电源拆卸，具体操作如表 3-7 所示。

表 3-7　ABB 工业机器人控制柜主控制电源拆卸具体操作步骤

步骤	操作	图示
1	关闭控制柜电源以及上级电源开关	
2	打开控制柜柜门	
3	拔掉主控制电源上所有的连接插头并做好记录（一共有三个插头，见右图）	
4	拧松固定主控制电源下面的两颗螺丝（只需拧松就行了，主控制电源上面有 U 形口，用以固定螺丝）	
5	拧掉固定主控制电源上面的两颗螺丝，轻轻地将主控制电源拿出来（注意：后面有密封条，不要损坏，如有损坏，安装时应更换密封条）	

（2）主控制电源安装，操作如表 3-8 所示。

表 3-8 ABB 工业机器人控制柜主控制电源安装操作

步骤	操作
1	倒序组装（注意：不要忘记密封条）
2	安装完成后检查主机箱上所有插头有没有漏掉的

2）电源分配板

ABB 工业机器人控制柜电源分配板（见图 3-26）主要是为工业机器人控制柜内部分配 24 V DC 电源。下面我们一起来学习电源分配板拆装。

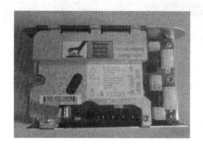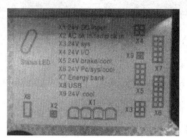

图 3-26 ABB 工业机器人电源分配板

（1）电源分配板拆卸，具体操作步骤如表 3-9 所示。

表 3-9 ABB 工业机器人控制柜电源分配板拆卸具体操作步骤

步骤	操作	图示
1	关闭控制柜电源以及上级电源开关	
2	打开控制柜柜门	
3	拔掉主控制电源上所有的连接插头并做好记录（一共有 9 个插头，见右图）	
4	拧松固定电源分配板左边的 1 颗螺丝（只需拧松就行了，电源分配板上有 U 形口，用以固定螺丝）	
5	拧掉固定电源分配板右边的 1 颗螺丝，轻轻地将电源分配板拿下来	

（2）电源分配板安装，操作如表 3-10 所示。

表 3-10　ABB 工业机器人控制柜电源分配板安装操作

步骤	操作
1	倒序组装（注意：不要忘记密封条）
2	安装完成后检查主机箱上所有插头有没有漏掉的

3）用户电源

ABB 工业机器人控制柜用户电源主要是为用户提供方便时使用，此用户电源是单独的，与主控制电源是分开的回路。下面我们一起来学习用户电源拆装。

（1）用户电源拆卸，具体操作步骤如表 3-11 所示。

表 3-11　ABB 工业机器人控制柜用户电源拆卸具体操作步骤

步骤	操作	图示
1	关闭控制柜电源以及上级电源开关	
2	打开控制柜柜门	
3	将固定用户电源卡扣的螺丝拧掉（见右图）	
4	轻轻向下拉动卡扣，将用户电源从 DIN 35 导轨上取出	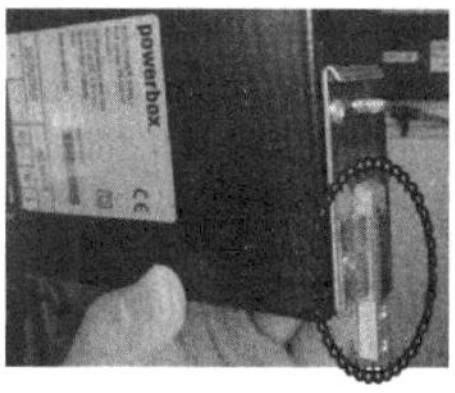
5	从图示部分将连接线拆除（切记做好记录）	

（2）用户电源安装，具体操作步骤如表 3-12 所示。

表 3-12　ABB 工业机器人控制柜用户电源安装具体操作步骤

步骤	操作
1	倒序组装（注意：不要忘记密封条）
2	安装完成后检查主机箱上所有插头有没有漏掉的

ABB 工业机器人控制柜电源接线端子去向如图 3-27 所示。

2. 计算机系统模块功能介绍及更换

ABB 工业机器人控制柜计算机主板如图 3-28 所示，主计算机如图 3-29 所示。

ABB 工业机器人控制柜主机箱内部结构复杂，可参考随机光盘、手册进行了解。如果主机

图 3-27 ABB 工业机器人控制柜电源接线端子去向

AD—来自电源分配板；BCEF—来自用户电源；A—I/O 板电源 24 V DC；

D—I/O 板电源 0 V；BC—用户电源 24 V DC；EF—用户电源 0 V

图 3-28 ABB 工业机器人控制柜计算机主板

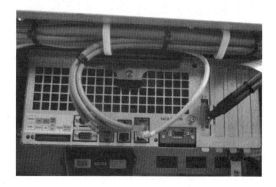

图 3-29 ABB 工业机器人控制柜主计算机

箱配件发生故障，可自行购买并更换。如果电路板发生故障，需找专业人士进行维修。

1）主计算机拆卸

主计算机拆卸具体操作步骤如表 3-13 所示。

表 3-13 ABB 工业机器人控制柜主计算机拆卸具体操作步骤

步骤	操作	图示
1	关闭控制柜电源以及上级电源开关	
2	打开控制柜柜门	
3	拔掉主机箱上所有的连接插头并做好记录（不要忘记左边还有一个插头）	
4	拧掉固定主机箱的螺丝（只有 1 颗）	

步骤	操作	图示
5	用手指轻轻向上扳动卡扣（另一只手在下面托着主计算机，防止主计算机跌落），然后向下倾斜轻轻地抽出主计算机	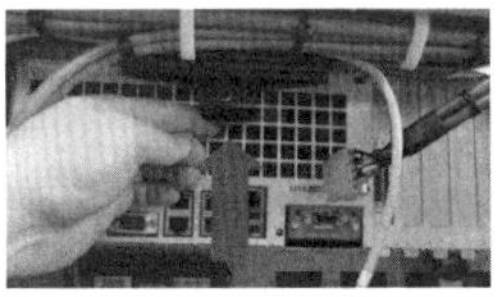

2）主计算机安装

主计算机安装具体操作步骤如表 3-14 所示。

表 3-14　ABB 工业机器人控制柜主计算机安装具体操作步骤

步骤	操作
1	倒序组装（组装前要清理主机箱内的灰尘和散热风扇上的灰尘，注意不要碰到电路板上的电气元件）
2	安装完成后检查主机箱上所有的插头有没有漏掉的

3）计算机机箱拆卸

计算机机箱拆卸具体操作步骤如表 3-15 所示。

表 3-15　ABB 工业机器人控制柜计算机机箱拆卸具体操作步骤

步骤	操作	图示
1	拧掉主机箱上面的螺丝（有 5 颗）	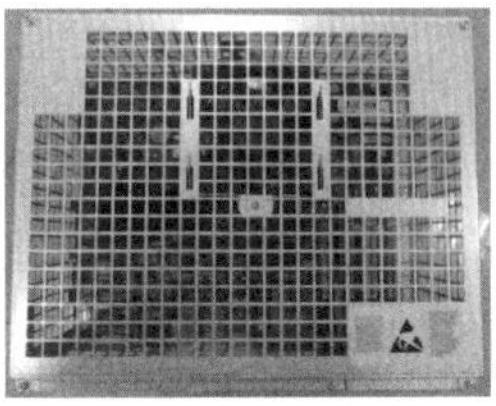
2	向上翻转，拿掉上盖（注意主机箱上盖上有散热风扇，小心散热风扇连接线）	

4）计算机机箱安装

以与拆卸相反的顺序安装计算机机箱。

3. 驱动单元模块功能介绍及更换

ABB 工业机器人控制柜伺服驱动器专门用于驱动工业机器人本体上的 6 个电机。下面我们一起来学习伺服驱动器拆装。

1）伺服驱动器拆卸

具体操作步骤如表 3-16 所示。

表 3-16　ABB 工业机器人控制柜伺服驱动器拆卸具体操作步骤

步骤	操作	图示
1	拔掉伺服驱动器上所有的连接插头,并做好记录	
2	拧松伺服驱动器上面的固定螺丝(有 4 颗)	
3	4 个固定螺丝拧松后,平行向外面抽出伺服驱动器	
4	由于控制柜密封性能非常好(控制柜防护等级为 IP 54),控制柜伺服驱动器后面都贴有密封条,千万不要损坏密封条,如果密封条有损坏,应更换	

4 颗固定螺丝拧松后不会掉下来,会随伺服驱动器一起。如果固定螺丝拧不动,则可借用别的工具和方法,如图 3-30 所示。

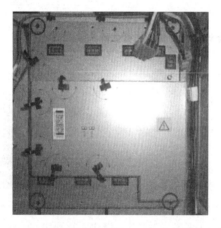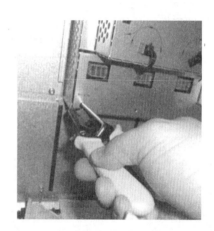

图 3-30　固定 ABB 工业机器人伺服驱动器的 4 个螺丝及其拧松工具

2)伺服驱动器安装

操作如表 3-17 所示。

表 3-17　ABB 工业机器人控制柜伺服驱动器安装操作

步骤	操作	图示
1	倒序组装(注意:不要忘记密封条)	
2	安装时先将下半部放入,然后轻轻向上推,不要将线卡到里面去了,拧紧固定螺丝时注意力矩不能超过 3 N·m	

续表

步骤	操作	图示
3	检查所有插头有没有漏掉的	

4. 总线与 I/O 模块功能介绍及更换

ABB 工业机器人控制柜总线与 I/O 模块主要是供工业机器人与周边设备通信用,起输出控制信号和接收输入信号的作用。下面我们一起来学习总线与 I/O 模块拆装。

总线与 I/O 模块拆卸时,如果需更换总线接口,可参照主机箱更换内容。图 3-31 中标示部分为 ABB 工业机器人控制柜主机箱电路板上的总线接口板。

图 3-31　ABB 工业机器人控制柜主机箱电路板

如果需更换总线,则可参考图 3-32 进行。

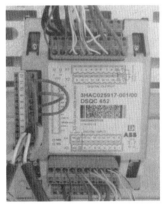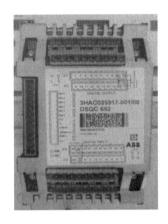

图 3-32　ABB 工业机器人控制柜更换总线示图

如果需更换 I/O 板,可按以下操作步骤进行:①将 I/O 板上所有的插头拔掉;②取下 I/O 板。

注意:总线上的终端电阻为 120 欧,千万不能损坏,否则将无法实现通信。ABB 工业机器人控制柜总线上的终端电阻及其阻值检测如图 3-33 所示。

5. 冷却系统模块功能介绍及更换

ABB 工业机器人控制柜散热风扇是保证控制柜正常工作的条件之一,散热风扇主要起到通风、冷却作用,特别是冷却伺服驱动器。下面我们一起来学习散热风扇拆装。

1）散热风扇拆卸

具体操作步骤如表 3-18 所示。

图 3-33   ABB 工业机器人控制柜总线上的终端电阻及其阻值检测

表 3-18   ABB 工业机器人控制柜散热风扇拆卸具体操作步骤

步骤	操作	图示
1	拆除控制柜后面上半部分的盖子	
2	拧掉控制柜后面上半部分盖子上的螺丝(有 4 颗,见右图)	
3	轻轻地向后面抽出控制柜后面上半部分盖子	
4	拧掉固定散热风扇的螺丝(有 1 颗)	
5	拔掉散热风扇连接线	

步骤	操作	图示
6	轻轻将散热风扇向上抽出	
7	拧掉控制柜后面下半部分盖子上的固定螺丝(有 4 颗,见右图)	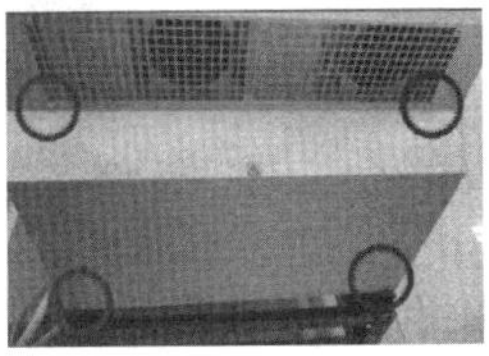
8	轻轻地将盖子向外面抽出(注意:有电击标志,说明内有高压电,要注意安全)	
9	拔掉控制柜散热风扇连接线	
10	轻轻地将散热风扇向上抽出	
11	检查所有散热风扇,将灰尘清理干净	

ABB 工业机器人控制柜后盖拆除后示图如图 3-34 所示,里面有高压电,务必注意安全。

2)散热风扇安装

操作如表 3-19 所示。

表 3-19 **ABB 工业机器人控制柜散热风扇安装操作**

步骤	操作
1	倒序安装
2	检查所有散热风扇的插头有没有漏掉的

6.安全面板介绍及更换

ABB 工业机器人控制柜正常工作时,安全面板上所有状态指示灯亮,说明所有安全回路正常。紧急停止(ES)、常规模式安全保护停止(GS)、自动模式安全保护停止(AS)、上级安全保护停止(SS)都从安全面板接入。下面我们一起来学习安全面板拆装。

图 3-34 ABB 工业机器人控制柜后盖拆除后示图

1）安全面板拆卸

具体操作步骤如表 3-20 所示。

表 3-20 ABB 工业机器人控制柜安全面板拆卸具体操作步骤

步骤	操作	图示
1	拔掉安全面板上所有的连接插头，并做好记录	
2	拧松安全面板上面的固定螺丝（有 4 颗）。 上面 2 颗螺丝只需要拧松就可以了，下面 2 颗螺丝必须拧出来	
3	从上向下轻轻地抽出安全面板，不要碰到其他电气元件与电缆	

思考：图 3-35 中上面的两个螺丝固定孔和下面的两个螺丝固定孔有什么区别？

2）安全面板安装

具体操作步骤如表 3-21 所示。

表 3-21 ABB 工业机器人控制柜安全面板安装操作

步骤	操作
1	倒序安装
2	检查所有的插头有没有漏掉的

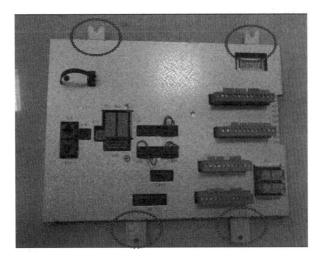

图 3-35　ABB 工业机器人控制柜轴计算机板示图

7. 轴计算机板介绍及更换

ABB 工业机器人控制柜轴计算机板是工业机器人移动并计算各电机转数的关键部件,起着至关重要的作用。由于集成度越来越高,轴计算机板从大变小,维修难度越来越大,需要专业的维修技术人员借助专门的数字检测设备才能完成。下面我们一起来学习轴计算机板拆装。

1)轴计算机板拆卸

具体操作步骤如表 3-22 所示。

表 3-22　ABB 工业机器人控制柜轴计算机板拆卸具体操作步骤

步骤	操作	图示
1	拔掉轴计算机上所有的连接插头,并做好记录	
2	拧松轴计算机板上的固定螺丝(有 4 颗)	

2)轴计算机板安装

操作如表 3-23 所示。

表 3-23　ABB 工业机器人控制柜轴计算机板安装操作

步骤	操作
1	倒序安装
2	安装完成后检查轴计算机板上所有的插头有没漏掉的

8. 接触器接口板介绍及更换

ABB工业机器人控制柜接触器接口板是工业机器人用来控制6个伺服电机接触器上下电的,并且伺服电机的刹车接触器也是由它来控制的。下面我们一起来学习接触器接口板拆装。

1) 接触器接口板拆卸

具体操作步骤如表3-24所示。

表3-24　ABB工业机器人控制柜接触器接口板拆卸具体操作步骤

步骤	操作	图示
1	拔掉接触器接口板上所有的连接插头,并做好记录	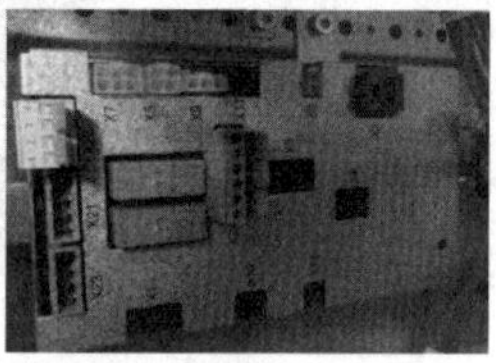
2	拧松接触器接口板上面和右边的固定螺丝(有2颗,上面有U形口,用以固定螺丝)	
3	拧掉接触器接口板左边的固定螺丝(有1颗)	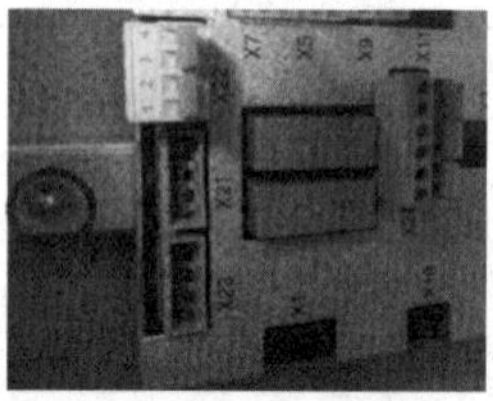
4	轻轻地从左向右拿出接触器接口板	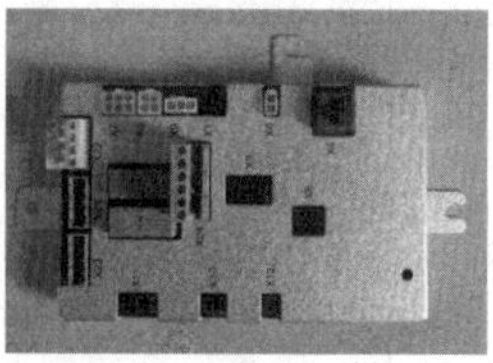

2) 接触器接口板安装

操作如表3-25所示。

表3-25　ABB工业机器人控制柜接触器接口板安装操作

步骤	操作
1	倒序安装
2	安装完成后检查接触器接口板上所有的插头有没有漏掉的

9. 变压器单元介绍及更换

ABB工业机器人控制柜变压器单元(见图3-36)用于将用户主电源(一般为AC 380 V,不同型号工业机器人可参阅说明书)变换为工业机器人控制柜所需要的电压(AC 262 V 或 AC 230 V)。下面我们一起来学习变压器单元拆装。

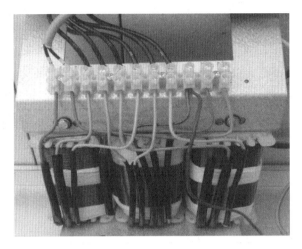

图 3-36　ABB 工业机器人控制柜变压器单元

1) 变压器单元拆卸

具体操作步骤如表 3-26 所示。

表 3-26　ABB 工业机器人控制柜变压器单元拆卸具体操作步骤

步骤	操作	图示
1	根据冷却系统模块拆装内容拆除工业机器人控制柜的后盖	
2	拧掉固定变压器单元地线与零线的螺丝,并将这两根线拿掉	
3	将变压器单元的3根进线(119,120,121)从接线端子上拆除,将变压器单元上的5根出线(2,1,113,114,115)从接线端子上拆除	

续表

步骤	操作	图示
4	将固定线的 4 个卡扣拔掉	
5	将固定变压器单元的 2 颗螺丝拧掉（见右图）	
6	将变压器单元从右图标示处轻轻向上提起	

2）变压器单元安装

操作如表 3-27 所示。

表 3-27　ABB 工业机器人控制柜变压器单元安装操作

步骤	操作
1	倒序安装
2	安装完成后检查变压器单元上所有的插头有没有漏掉的

10. 制动电阻泄漏器介绍及更换

ABB 工业机器人制动电阻泄漏器主要用于在 ABB 工业机器人断电后消耗伺服驱动器中残余的电流。泄露电阻是导线漏电（外皮裸露）之后在导线与外界（地面等）接触处的电阻，如图 3-37 所示。为了使用电容放电，在电路中可接入一只泄漏电阻，以便产生很小的泄漏电流。下面我们一起来学习制动电阻泄漏器拆装。

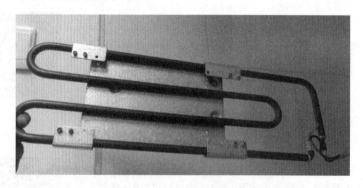

图 3-37　ABB 工业机器人控制柜泄漏电阻示图

1）制动电阻泄漏器拆卸

具体操作步骤如表 3-28 所示。

表 3-28　ABB 工业机器人控制柜制动电阻泄漏器拆卸具体操作步骤

步骤	操作	图示
1	根据冷却系统模块内容拆除工业机器人控制柜的后盖	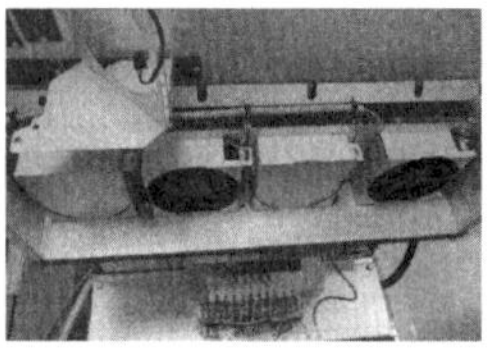
2	拧松固定制动电阻泄漏器的 3 颗螺丝。 注意:不要将螺丝全部拧出	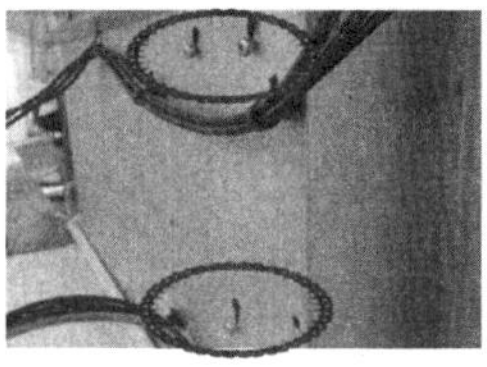
3	向上取出固定制动泄漏电阻器的线缆	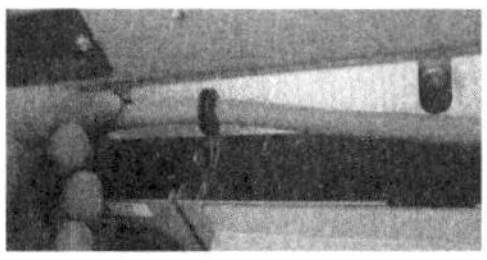
4	握住右图标示处,轻轻向上抽出制动泄漏电阻器。 注意:不要将线卡住了	

2)制动电阻泄漏器安装

以与制动电阻泄漏器拆卸相反的顺序安装制动电阻泄漏器。

11. 备用能源组介绍及更换

ABB 工业机器人备用能源组用于在工业机器人关闭电源后,保存数据后再断电,起延时断电作用。下面我们一起来学习备用能源组拆装。

1)备用能源组拆卸

具体操作步骤如表 3-29 所示。

表 3-29　ABB 工业机器人控制柜备用能源组拆卸具体操作步骤

步骤	操作	图示
1	打开控制柜柜门,拔掉连接备用能源组的连接线(此连接线连接到了电源分配板上的端子 X7)	

步骤	操作	图示
2	拧松固定备用能源组的两颗螺丝(左右两边一边一颗)。	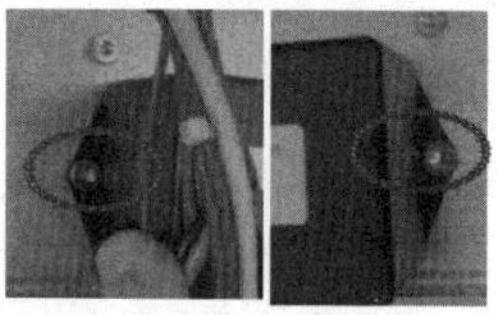
3	轻轻向外拿出备用能源组。 注意:不要拉到别处的连接线	

2)备用能源组安装

以与备用能源组拆卸相反的顺序安装备用能源组。

3.4.3　任务实施

更换工业机器人标准型控制柜散热风扇的具体操作步骤如下。

步骤 1:关闭连接到工业机器人的所有,包括工业机器人的电源、工业机器人的液压传动系统、工业机器人的气动系统。

步骤 2:拧掉控制柜后面上半部分盖子上的螺丝。

步骤 3:轻轻地向后抽出控制柜后面上半部分的盖子。

步骤 4:拧掉固定散热风扇的螺丝。

步骤 5:拔掉散热风扇连接线。

步骤 6:捏住散热风扇向上轻轻抽出。

步骤 7:拧掉控制柜后面下半部分盖子上的固定螺丝。

步骤 8:拆除控制柜后面下半部分的盖子(注意:有电击标志,说明内有高压电,要注意安全)。

步骤 9:拔掉控制柜散热风扇的连接线。

步骤 10:捏住散热风扇向上轻轻抽出(根据工业机器人型号不同,散热风扇数量有所不同)。

步骤 11:将下半部分新的散热风扇按照拆下来的数量及位置全部安装上去(可测试散热风扇的运行情况,如果不需更换散热风扇,则将散热风扇上的灰尘清理干净,然后重新安装)。

步骤 12:插入控制柜下半部分散热风扇的连接线。

步骤 13:安装控制柜后面下半部分的盖子,并拧紧固定螺丝。

步骤 14:将上半部分新的散热风扇按照拆下来的数量及位置全部安装上去(可测试散热风扇的运行情况,如果不需更换散热风扇,则将散热风扇上的灰尘清理干净,然后重新安装),并拧紧散热风扇的固定螺丝。

步骤 15:插入控制柜上半部分散热风扇的连接线。

步骤 16:安装控制柜后面上半部分的盖子,并拧紧固定螺丝。

3.4.4　知识扩展

对报警代码 20252 电机温度高做以下说明。

（1）工业机器人本体 6 个电机温控线串联连接，最后接入接触器接口板（柜内左侧的 A43）的 X5 阵脚。A43 接触器接口板的 X5 接线图如图 3-38 所示。

（2）当某个轴温度过高，导致热敏电阻断开时，可以打开电机盖板进行检查。

（3）如果电机不热或者温控线断开，则可暂时短接 A43 接触器接口板 X5 的 1 和 2。

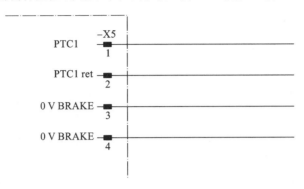

图 3-38   A43 接触器接口板的 X5 接线图

3.4.5   任务小结

本任务主要以 ABB 工业机器人标准型控制柜硬件单元更换为主。由于工业机器人控制柜各模块的集成度相对来说比较高，所以工业机器人控制柜维修非常麻烦，需要借助专门的设备才能完成。

◀ 项 目 总 结 ▶

本项目围绕工业机器人控制柜维护保养展开内容，以 ABB 工业机器人标准型和紧凑型控制柜为例，利用人的五官或简单的仪器、工具，对工业机器人控制柜进行定点、定期的检查。这部分内容是较基础的日常维护知识。当工业机器人控制柜出现硬件故障时，需要对工业机器人控制柜硬件进行更换，主要以更换控制柜中的各电气模块为主。对于设备管理与维护人员来说，这些知识是必备知识，掌握这些知识对从事工业机器人相关工作的人员也有一定的帮助。

本项目重点要掌握的内容有对工业机器人控制柜硬件进行更换，以及对不同工业机器人控制柜进行维护保养工作。

◀ 思 考 与 练 习 ▶

一、单项选择题

1. ABB 工业机器人标准型控制柜的防护等级为（   ）。

A. IP 54   B. IP 67   C. IP 30   D. IP 45

2. ABB 工业机器人紧凑型控制柜的防护等级为（   ）。

A. IP 54   B. IP 67   C. IP 30   D. IP 45

3. ABB 工业机器人控制柜最多可输入/输出（   ）个信号。

A. 32   B. 64   C. 128   D. 1 024

4. IRB 120 工业机器人紧凑型控制柜的主控制电源是(　　)。

A. AC 380 V   B. DC 380 V   C. AC 220 V   D. DC 220 V

5. IRB 1410 工业机器人标准型控制柜的主控制电源是(　　)。

A. AC 380 V   B. DC 380 V   C. AC 220 V   D. DC 220 V

二、填空题

1. 工业机器人控制柜是工业机器人的控制中枢。一般来说，ABB 工业机器人的控制柜分为两种，分别是_____和_____。

2. _____是工业机器人控制柜的核心，所含选购插件可为工业机器人用户提供一系列丰富的系统功能，如多任务并行、向工业机器人传输文件信息、与外部系统通信等。

3. 一般地，在紧急情况下，应第一时间按下急停按钮。ABB 工业机器人的急停按钮一般有两个，分别位于_____和_____上。

4. 根据英文名称填写对应的意思：auto stop——_____；general stop——_____；superior stop——_____；emergency stop——_____。

5. ABB 工业机器人主计算机主板集成的组件和电路多而复杂，容易引起故障，所引起的故障中也不乏客户人为造成的。引起 ABB 工业机器人主计算机主板故障的原因主要有以下三种：_____、_____和_____。

项目 4
工业机器人控制系统故障解析

本项目主要对 ABB 工业机器人的控制系统进行说明,从故障排除提示与窍门入手,分析 IRC5 标准型控制柜中各模块 LED 状态指示灯的状态,通过查阅示教器的事件日志,结合故障排除手册进行故障排除,以为学生今后的现场作业打下坚实的基础。

【学习目标】

※ 知识目标

1. 了解事件日志故障排除。

2. 了解常见的故障代码。

※ 技能目标

1. 掌握故障排除提示与窍门。

2. 掌握 IRC5 标准型控制柜中 LED 状态指示灯的状态分析。

◀ 4.1 故障排除提示与窍门 ▶

4.1.1 任务目标与要求

任何故障的出现都有一定的原因,不论是工业机器人控制柜、工业机器人本体还是工业机器人的夹具部分,问题一旦出现,我们就得进行分析。本任务以出现故障时的提示内容来总结解决问题的窍门,同时我们要从中不断地吸取经验,这样才能在后续工作中从容应对问题。

4.1.2 任务相关知识

1. 故障排除策略
(1) 隔离故障。
(2) 将故障链一分为二。
(3) 选择通信参数和电缆。
(4) 检查软件版本。

2. 系统地工作
(1) 不要随机更换单元:更换任何部件之前,确定故障产生的原因并进而确定要更换的单元。这一点很重要,随机更换单元有时可能会解决紧急的问题,但也会给维修技术人员留下许多工作状况欠佳的单元。

(2) 一次只更换一个单元:在更换已被隔离的可疑故障单元时,一次只更换一个单元。这一点很重要,维修技术人员务必根据现有工业机器人或控制柜产品手册中"维修"一节中的说明更换组件,并在更换好之后测试系统,看问题是否已经解决。如果一次更换几个单元,则可能导致无法确定造成故障的单元,并使订购新的备用件变得更复杂,甚至导致新的故障。

(3) 环顾四周:通常,维修技术人员在观察周围情况时很容易发现原因。在出错设备所在的区域,维修技术人员务必检查紧固螺丝是否固定、所有连接器是否固定、所有电缆有无破损、设备是否清洁(对于电气设备尤其如此)、设备装配是否正确。

(4) 检查是否有遗漏的工具:某些维护工作要求使用专门用于装配工业机器人设备的工具。如果遗漏这些工具,则可能会造成工业机器人出现反常的行为。在维护工作完成之后,要确保拆下所有此类工具。

3. 保持跟踪历史记录
(1) 创建历史故障日志:在某些情况下,特殊安装可能会造成在其他安装情况下不会出现的故障。因此,制订每种安装的图表可能会给维修技术人员提供巨大的帮助。为了方便故障排除,历史故障日志具有以下优点:①它使维修技术人员可以查看各种故障情况下不明显的原因和后果;②它可指出在故障出现之前发生的特定事件。

(2) 检查历史记录:确保始终查阅历史故障日志(如有)。另外,维修技术人员应咨询问题第一次发生时正在工作的操作员。

(3) 该故障是在什么阶段发生的:在故障排除期间所检查的内容在很大程度上取决于故障发生时工业机器人是否是全新安装的、最近是否修理过。

在特定情况下所要检查内容的提示信息如表4-1所示。

表 4-1 在特定情况下所要检查内容的提示信息

如果系统刚刚	那么
安装	检查：①配置文件；②连接；③选项及其配置
修理	检查：①与被更换部件的所有连接；②电源；③是否安装了正确的部件
升级软件	检查：①软件版本；②硬件和软件之间的兼容性；③选项及其配置
从一个地点移至另一个地点（已工作的工业机器人）	检查：①连接；②软件版本

4. 提交错误报告

如果工业机器人用户需要 ABB 支持人员协助对系统进行故障排除，可以按照下面所述提交一个正式的错误报告。为了使 ABB 支持人员更好地解决问题，工业机器人用户可根据要求附上系统生成的专门诊断文件。诊断文件包括：①事件日志（所有系统事件的列表）；②备份（为诊断而做的系统备份）；③系统信息（供 ABB 支持人员使用的内部系统信息）。注意：若非 ABB 支持人员明确要求，则工业机器人用户不必创建或者向错误报告附加任何其他文件。

创建诊断文件：按下面所述手动创建诊断文件。

（1）点击 ABB，然后点击控制面板，再点击诊断，显示图 4-1 所示的界面。

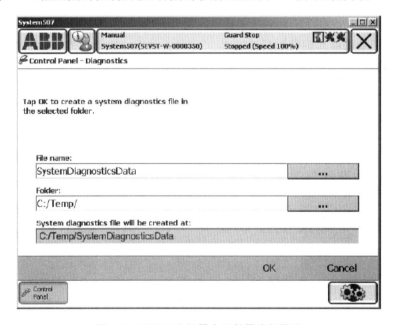

图 4-1 ABB 工业机器人示教器诊断界面

（2）指定诊断文件的名称、保存路径，然后点击确定。默认的保存路径是 C:/Temp，但可任意指定保存路径。例如将诊断文件保存在外部连接的 USB 存储器上，当显示"正在创建文件。请等待！"时，可能需要几分钟的时间。

（3）若要缩短文件传输时间，则工业机器人用户可以将数据压缩进一个 zip 文件中。

（4）工业机器人用户写一封普通的电子邮件给当地的 ABB 支持人员，电子邮件中应包括以下信息和内容：①工业机器人的序列号；②RobotWare 版本；③外部选项；④书面故障描述，越详细就越便于 ABB 支持人员解决问题；⑤许可证密钥（如有）；⑥诊断文件。

（5）发送电子邮件。

4.1.3 任务实施

创建一份故障诊断报告并提交，操作步骤如下。

（1）准备好一个 U 盘，并插入工业机器人控制柜或者工业机器人示教器 USB 接口。

（2）点击 ABB，然后点击控制面板，再点击诊断。

（3）指定诊断文件的名称、保存路径（保存到自己的 U 盘中），然后点击确定。

（4）等待创建完成，然后拔出 U 盘。

（5）写一封普通的电子邮件给当地的 ABB 支持人员（提交到老师的邮箱），电子邮件中应包括以下信息和内容：①工业机器人的序列号；②RobotWare 版本；③外部选项；④书面故障描述，越详细越便于 ABB 支持人员解决问题；⑤许可证密钥（如有）；⑥诊断文件。

（6）发送电子邮件。

4.1.4 知识扩展

在 RAPID 程序里自定义工业机器人轨迹运动速度的具体操作步骤如下。

（1）在示教器主菜单中选择程序数据。

（2）找到数据类型"Speeddata"后，点击新建。

（3）点击初始值，"Speeddata"四个变量的含义分别为："v_tcp"表示工业机器人线性运行速度；"v_rot"表示工业机器人旋转运行速度，"v_leax"表示工业机器人外加轴线性运行速度，"v_reax"表示工业机器人外加轴旋转运行速度。如果没有外加轴，则后两个变量不用修改。

（4）自定义好数据后，就可在 RAPID 程序中进行调用了。

4.1.5 任务小结

通过对故障排除提示与窍门的学习，学生应对故障排除形成一定的认识，并在今后的学习与工作中不断地去摸索，出现问题后仔细分析、查阅资料，最终解决问题。

◀ 4.2 IRC5 标准型控制柜中 LED 状态指示灯状态分析 ▶

ABB 工业机器人常用的控制柜有两种，即标准型控制柜和紧凑型控制柜。二者大部分的模块都是通用的，所以在本任务中，以标准型控制柜为对象进行学习。一般来说，对工业机器人控制柜内模块状态的识别和故障的诊断主要依靠模块上的 LED 状态指示灯。

通过对本任务的学习，学生应掌握模块当前状态与故障的识别，进而做到有的放矢地进行故障的排除。

4.2.1 任务目标与要求

人生病了会不舒服，会有各种症状出现，如咳嗽、发烧、无力、厌食等。在本任务中我们要学会为工业机器人看病，通过对工业机器人控制柜各模块 LED 状态指示灯的状态进行分析，掌握工业机器人的运行情况。

4.2.2 任务相关知识

1. 主计算机模块的故障诊断

主计算机模块就好比工业机器人的大脑,位于工业机器人控制柜的正上方,主计算机模块的 LED 状态指示灯位于主计算机模块的中央位置,如图 4-2 所示。主计算机模块 LED 状态指示灯的状态指示表如表 4-2 所示。

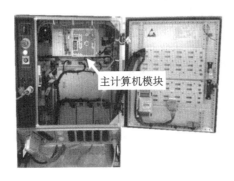

图 4-2　工业机器人控制柜主计算机模块及其 LED 状态指示灯的位置示图

表 4-2　工业机器人控制柜主计算机模块 LED 状态指示灯的状态指示表

LED 状态指示灯名称	LED 状态指示灯状态	含义
POWER(绿)	熄灭	在正常启动期间,此 LED 状态指示灯熄灭,表示计算机单元内的 COM 快速模块未启动
	长亮	启动完成后,此 LED 状态指示灯长亮
	1 到 4 短闪,1 秒熄灭	启动期间遇到故障(闪烁间隔熄灭),可能是电源、FPGA 和/或 COM 快速模块故障
	1 到 5 闪烁,20 快速闪烁	运行时电源故障(闪烁间隔快速闪烁),重启工业机器人控制柜后检查计算机单元的电源电压
DISC-Act(黄)	闪烁	正在写入 SD 卡
STATUS(红/绿)	启动时,红色长亮	正在加载 bootloader
	启动时,红色闪烁	正在加载镜像
	启动时,绿色闪烁	正在加载 RobotWare
	启动时,绿色长亮	系统就绪
	红色始终长亮或始终闪烁	检查 SD 卡
	绿色始终闪烁	查看 FlexPendant 或 CONSOLE 的错误消息

2. 安全面板模块的故障诊断

安全面板模块主要负责与安全相关的信号的处理,位于工业机器人控制柜的右侧,安全面板模块的 LED 状态指示灯位于安全面板模块的右侧,如图 4-3 所示。安全面板模块 LED 状态指示灯的状态指示表如表 4-3 所示。

图 4-3　工业机器人控制柜安全面板模块 LED 状态指示灯的位置示图

表 4-3　工业机器人控制柜安全面板模块 LED 状态指示灯的状态指示表

LED 状态 指示灯名称	LED 状态指示灯状态	含义
Epwr	绿色闪烁	串行通信错误,检查与主计算机的通信连接
	绿色长亮	运行正常
	红色闪烁	系统上电自检中
	红色长亮	出现串行通信错误以外的错误
EN1	长亮	信号 ENABLE1＝1 且 RS 通信正常
AS1	长亮	自动停止 1 正常
AS2	长亮	自动停止 2 正常
GS1	长亮	常规停止 1 正常
GS2	长亮	常规停止 2 正常
SS1	长亮	上级停止 1 正常
SS2	长亮	上级停止 2 正常
ES1	长亮	紧急停止 1 正常
ES2	长亮	紧急停止 2 正常

3. 驱动单元模块的故障诊断

驱动单元模块用于接收上位机的指令,然后驱动工业机器人运动,位于工业机器人控制柜正面中间的位置。驱动单元模块的 LED 状态指示灯位于驱动单元模块的中心,如图 4-4 所示。驱动单元模块 LED 状态指示灯的状态指示表如表 4-4 所示。

表 4-4　工业机器人控制柜驱动单元模块 LED 状态指示灯的状态指示表

LED 状态指示灯名称	LED 状态指示灯状态	含义
X8 IN	黄灯闪烁	与上位机在以太网通道上进行通信
	绿灯常亮	与以太网通道已建立连接
	黄灯熄灭	与上位机以太网通道断开连接

续表

LED 状态指示灯名称	LED 状态指示灯状态	含义
X8 IN	绿灯熄灭	与以太网通道的通信速率为 10 Mb/s
	绿灯常亮	与以太网通道的通信速率为 100 Mb/s
X9 OUT	黄灯闪烁	与额外驱动单元在以太网通道上进行通信
	绿灯常亮	与以太网通道已建立连接
	黄灯熄灭	与额外驱动单元以太网通道连接断开
	绿灯熄灭	与以太网通道的通信速率为 10 Mb/s
	绿灯常亮	与以太网通道的通信速率为 100 Mb/s

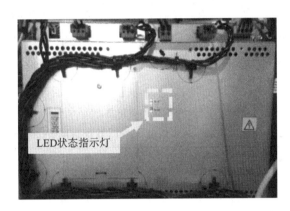

LED状态指示灯

图 4-4 工业机器人控制柜驱动单元模块 LED 状态指示灯的位置示图

4. 轴计算机模块的故障诊断

轴计算机模块用于接收主计算机的运动指令和串行测量电路板(SMB)的工业机器人位置反馈信号,然后发出驱动工业机器人运动的指令给驱动单元模块,位于工业机器人控制柜的右侧。轴计算机模块的 LED 状态指示灯位于轴计算机模块的右侧。轴计算机模块 LED 状态指示灯的状态指示表如表 4-5 所示。

表 4-5 工业机器人控制柜轴计算机模块 LED 状态指示灯的状态指示表

LED 状态指示灯名称	LED 状态指示灯状态	含义
状态 LED	红色常亮	启动期间,正在上电中
		运行期间,轴计算机无法初始化基本的硬件
	红色闪烁	启动期间,建立与主计算机的连接并将程序加载到轴计算机
		运行期间,与主计算机的连接丢失、主计算启动有问题或者 RobotWare 安装有问题
	绿色闪烁	启动期间,轴计算机程序启动并连接外围单元
		运行期间,与外围单元的连接丢失或者 RobotWare 启动有问题
	绿色长亮	启动期间,启动过程中
		运行期间,正常运行
	不亮	轴计算机没有电或者内部错误(硬件/固件)

5. 系统电源模块的故障诊断

系统电源模块用于为工业机器人控制柜里的模块提供直流电,位于工业机器人控制柜的左下方,如图 4-5(a)所示。系统电源模块 LED 状态指示灯的位置如图 4-5(b)所示,状态指示表如表 4-6 所示。

(a) (b)

图 4-5 工业机器人控制柜系统电源模块及其 LED 状态指示灯的位置示图

表 4-6 工业机器人控制柜系统电源模块 LED 状态指示灯的状态指示表

LED 状态指示灯名称	LED 状态指示灯状态	含义
状态 LED	绿色长亮	正常
	熄灭	直流电源输出异常或输入异常

6. 电源分配模块的故障诊断

电源分配模块用于为工业机器人控制柜里的模块分配直流电,位于工业机器人控制柜的左边。电源分配模块的 LED 状态指示灯位于电源分配模块的中下方,如图 4-6 所示。电源分配模块 LED 状态指示灯的状态指示表如表 4-7 所示。

图 4-6 工业机器人控制柜电源分配模块 LED 状态指示灯位置示图

表 4-7 工业机器人控制柜电源分配模块 LED 状态指示灯的状态指示表

LED 状态指示灯名称	LED 状态指示灯状态	含义
状态 LED	绿色长亮	正常
	熄灭	直流电源输出异常或输入异常

7. 用户 I/O 电源模块的故障诊断

用户 I/O 电源模块用于为工业机器人控制柜里的 I/O 模块提供直流电,位于工业机器人控制柜的左上方。用户 I/O 电源模块的 LED 状态指示灯位于用户 I/O 电源模块中间靠上的位置,如图 4-7 所示。用户 I/O 电源模块 LED 状态指示灯的状态指示表如表 4-8 所示。

图 4-7　工业机器人控制柜用户 I/O 电源模块 LED 状态指示灯的位置示图

表 4-8　工业机器人控制柜用户 I/O 电源模块 LED 状态指示灯的状态指示表

LED 状态指示灯名称	LED 状态指示灯状态	含义
状态 LED	绿色长亮	正常
	熄灭	直流电源输出异常或输入异常

8. 接触器模块的故障诊断

接触器模块用于控制工业机器人各轴电机的上电与控制机制,位于工业机器人控制柜的左侧。接触器模块的 LED 状态指示灯位于接触器模块的右边,如图 4-8 所示。接触器模块 LED 状态指示灯的状态指示表如表 4-9 所示。

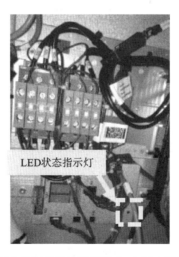

图 4-8　工业机器人控制柜接触器模块 LED 状态指示灯的位置示图

表 4-9　工业机器人控制柜接触器模块 LED 状态指示灯的状态指示表

LED 状态指示灯名称	LED 状态指示灯状态	含义
状态 LED	绿色闪烁	串行通信出错
	绿色长亮	正常
	红色闪烁	正在上电/自检中
	红色长亮	出现错误

9. ABB 标准 I/O 模块的故障诊断

ABB 标准 I/O 模块是用于工业机器人与外部设备进行通信的模块,位于工业机器人控制柜柜门上。这里,我们以 DSQC 652 这个模块为例进行说明。LED 状态指示灯位于 ABB 标准 I/O 模块的左下边,如图 4-9 所示,状态指示表如表 4-10 所示。

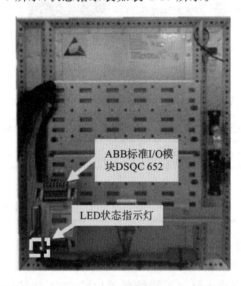

图 4-9　工业机器人控制柜 ABB 标准 I/O 模块 DSQC 652 及其 LED 状态指示灯的位置示图

表 4-10　工业机器人控制柜 ABB 标准 I/O 模块 LED 状态指示灯的状态指示表

LED 状态指示灯名称	LED 状态指示灯状态	含义
MS	熄灭	无电源输入
	绿色长亮	正常
	绿色闪烁	请求根据示教器相关的报警信息提示,检查系统参数是否有问题
	红色闪烁	出现可恢复的轻微故障,根据示教器的提示信息进行处理
	红色长亮	出现不可恢复的故障
	红/绿闪烁	自检中
NS	熄灭	无电源输入或未能完成 Dup_MAC_ID 的测试
	绿色长亮	正常
	绿色闪烁	模块上线了,但是未能建立与其他模块的连接
	红色闪烁	连接超时,根据示教器的提示信息进行处理
	红色长亮	通信出错,可能 Duplicate MAC_ID 或 Bus_off 出错

4.2.3　任务实施

使室训室中的工业机器人处于开机状态,打开工业机器人控制柜柜门(开机后里面有电,注意安全),记录工业机器人控制柜中各模块(主计算机模块、安全面板模块、驱动单元模块、轴计算机模块、系统电源模块、电源分配模块、用户 I/O 电源模块、接触器模块、ABB 标准 I/O 模块)LED 状态指示灯的状态,根据 LED 状态指示灯的状态说明对应的含义,做成文档并提交。

4.2.4　知识扩展

1. 工业机器人备份文件中什么文件是可以共享的?

如果两个工业机器人是同一型号、同一配置,则可以共享 RAPID 程序和 EIO 文件,但共享后要进行验证方可正常使用。

2. 什么是工业机器人机械原点? 工业机器人机械原点在哪里?

工业机器人六个伺服电机各有一个唯一固定的机械原点,错误地设定工业机器人机械原点将会造成工业机器人出现动作受限或误动作、无法走直线等问题,严重的会损坏工业机器人。

3. 工业机器人 50204 动作监控报警如何解除?

(1) 修改工业机器人动作监控参数(控制面板上动作监控菜单中),以匹配实际的情况。

(2) 用 AccSet 指令降低工业机器人的加速度。

(3) 减小速度数据中"v_rot"选项中的数值。

4.2.5　任务小结

本任务对 IRC5 标准型控制柜中 LED 状态指示灯的各种状态进行了分析,使学生了解到通过 LED 状态指示灯的闪烁状态与颜色就能判断工业机器人当时的运行情况,进一步加深了学生对工业机器人控制柜的了解。

◀ 4.3　事件日志故障排除 ▶

4.3.1　任务目标与要求

当工业机器人出现故障时,在示教器上会显示相应的事件编号代码,这些代码会指引我们对产生故障的可能原因进行排除。出现任何故障时,我们一定要认真分析,同时注意同一时间出现的其他故障代码。

4.3.2　任务相关知识

事件编号序列视其引用的工业机器人系统的部件或方面而定,事件消息分为若干组,如表4-11 所示。

表 4-11　事件编号序列和事件类型

事件编号序列	事件类型
1××××	操作事件;与系统处理有关的事件
2××××	系统事件;与系统功能、系统状态等有关的事件
3××××	硬件事件;与系统硬件、机械臂以及控制柜硬件有关的事件
4××××	程序事件;与 RAPID 指令、数据等有关的事件
5××××	动作事件;与控制机械臂的移动和定位有关的事件
7××××	I/O 事件;与输入和输出、数据总线等有关的事件
8××××	用户事件;用户定义的事件
9××××	功能安全事件;与功能安全相关的事件
11××××	工艺事件;特定应用事件,包括弧焊、点焊等。 0001 ～ 0199, Continous Application Platform;0200 ～ 0399, Discrete Application Platform;0400 ～ 0599, Arc;0600 ～ 0699, Spot;0700 ～ 0799, Bosch;0800 ～ 0899, Dispense;1000～1200,Pick and Place;1400～1499,Production Manager;1500～1549, Bulls Eye;1550 ～ 1599, Smart Tac;1600 ～ 1699, Production Monitor;1700 ～ 1749, Torch Clean;1750～1799,Navigator;1800～1849, Arcitec;1850～1899,Mig Rob;1900 ～2399,Pick Master RC;2400～2449, Aristo Mig;2500～2599, Weld Data Monitor; 2600～2649,GSI;2700～2702,Integrated Vision;4800～4814, Miscellaneous Process
12××××	配置事件;与系统配置有关的事件
13××××	油漆
15××××	RAPID
17××××	Remote Service Embedded(嵌入式远程服务)事件日志,在启动、注册、取消注册、失去连接灯事件

1. 1××××　操作事件;与系统处理有关的事件

1) 10012,安全防护停止状态

说明:系统处于安全防护停止状态。由自动方式切换为手动方式,或者由于出现紧急停止、常规停止、自动停止或上级停止而导致电机开启电路被断开后,系统均会进入此状态。

后果:闭合电机开启(ON)电路之前无法进行操作。此时,机械手轴被机械制动闸固定在适当的位置。

可能原因:任何与系统停止输入端连接的安全设备被断开。

建议措施:①检查是哪个安全装置导致了停止;②关闭该装置;③要恢复操作,可将系统切换回电机上电(ON)状态。

2) 10013,紧急停止状态

说明:紧急停止装置将电机开启(ON)电路断开,系统处于紧急停止状态。

后果:运行了所有程序,导致工业机器人动作立即中断。此时,工业机器人轴被机械制动闸固定在适当的位置。

可能原因:任何与系统紧急停止输入端连接的紧急停止设备被断开。它们可以是内部的设备(在控制器或示教器上),也可以是外部的设备(系统构建器连接的设备)。

建议措施:①检查是哪个紧急停止装置导致了停止;②关闭/重置该装置;③要恢复操作,可按控制模块上的电机开启（ON）按钮,将系统切换回电机开启状态。

3) 10014,系统故障状态

说明:由于出现故障,系统已停止所有 NORMAL（正常）任务的执行。

后果:系统重新启动前无法开始执行程序,或无法对操纵器进行手动微动控制。

可能原因:故障过多时可能导致此状况。可使用示教器或 RobotStudio 检查此时发生的事件的其他事件日志消息。

建议措施:①分析事件日志,判断导致停止的原因;②排除故障;③按操作手册的详细叙述重新启动系统。

4) 10027,碰撞回撤失败

说明:操纵器试图从碰撞到的障碍物上回撤,但失败。

后果:系统尚未返回正常操作状态。

可能原因:这可能是由于工业机器人吸附在所碰撞到的目标上造成的。

建议措施:①进入手动模式;②手动将工业机器人从目标上移开;③重新启动程序,恢复操作。

5) 10036,转数计数器未更新

说明:检查后,系统发现一个或多个轴的转数计数器未更新。

后果:要启动操作,必须更新所有轴的转数计数器。

可能原因:机械手驱动电机和相关单元可能有变更。

建议措施:遵循机械手产品手册的详细叙述更新所有轴的转数计数器。

6) 10039,SMB 内存不正常

说明:启动过程中,系统发现串行测量电路板（SMB）上的数据不正常。

后果:在系统能够进行自动操作之前,必须确保所有数据正常。

可能原因:串行测量电路板上储存的数据与控制柜上储存的数据有差别,这可能是由替换 SMB 和/或控制柜导致的。

建议措施:遵循操作员手册中 IRC5 工业机器人控制柜的详细叙述更新串行测量电路板。

2. 2××××　系统事件;与系统功能、系统状态等有关的事件

1) 20010,紧急停止状态

说明:紧急停止电路在之前已断开,然而在断开时试图操纵控制工业机器人。

后果:系统状态保持为"紧急停止后等待电机开启"。

可能原因:将系统切回电机开启状态之前,试图操纵控制工业机器人。

建议措施:要恢复操作,可按控制模块上的电机开启（ON）按钮,将系统切回电机开启状态。

2) 20032,转数计数器未更新

说明:转数计数器未更新,一个或数个绝对测量轴没有同步。

建议措施:将轴移至同步位置并更新转数计数器。

3) 20065,不允许该命令

说明:仅在手动模式（减速或者全速）下允许该命令。

后果:系统保持相同的状态,请求的动作未执行。

建议措施:确保系统并非处于自动模式下或正在更改为手动模式（减速或者全速）。

4) 20076,不允许该命令

说明:系统在故障状态下不允许该命令。

后果:导致不可恢复性系统错误,需要进行热启动。

建议措施:①确保系统不是处于紧急停止状态;②按操作员手册中工业机器人控制柜的详细叙述重新启动系统;③如果无法重新启动,则关闭主电源后重新打开主电源。

5) 20088,已拒绝自动模式

说明:请求自动模式时,不得将速度设为 100%。

后果:系统无法进入自动模式。

可能原因:无法将速度设为 100%。

建议措施:①切回手动模式;②在快速设置菜单中设置速度,或在切换至自动模式时,如果系统应处于调试模式,将 System Parameter Controller/Auto Condition Reset/All DebugSettings/Reset(系统参数控制器/自动条件重设/所有调试设置/重设)设为"No"(否);③切回自动模式并确认。

6) 20134,调用链

说明:调用链变为由例行程序开始,而不是由主程序开始。

后果:程序指针将重设到主例行程序。

可能原因:在热启动过程中,系统已切换至自动模式,将系统参数 AllDebugSettings 设为"Yes"(是)。

建议措施:①从自动模式下的调试模式切换至手动模式;②将系统参数 AllDebugSetting 设为"No"(否);③切回自动模式并确认。

7) 20150,加载失败

说明:经由系统 I/O 加载程序失败。

后果:程序将无法启动。

可能原因:系统输入加载的变元错误;模块已加载,但系统设置程序指针失败;程序正在执行。

建议措施:①检查系统输入加载的变元;②检查要加载程序文件(包括海量存储单元)已定义好的名称;③检查应载入程序已定义好的正确任务名;④检查启动系统输入加载前,程序是否已停止执行。

8) 20226,常规停止冲突

说明:仅打开了两个常规模式安全保护停止链中的一个。

后果:系统进入 SYS HALT 状态。

可能原因:与常规停止链连接的任何开关可能出现故障或未正常连接,导致其中一个信道关闭。有关常规停止链的说明可参阅故障排除手册。

建议措施:①检查电缆及其连接;②检查同一时间出现的其他事件日志信息,以判定是哪个开关导致的故障;③确保所有开关工作正常;④如果不存在松脱的连接,则更换出现了故障的开关。

9) 20258,电机温度高,DRV4

说明:操纵器电机中温度过高。应确保重新发出"电机开启"命令之前电机充分散热。

建议措施:①重新发出"电机开启"命令之前,等待过热电机充分散热;②如果使用了空气过滤器选件,则检查该选件是否被堵塞、是否需要进行更换。

3. 3×××× 硬件事件:与系统硬件、机械臂以及控制器硬件有关的事件

1) 31811,第二块 DeviceNet 主控/从控电路板缺失

说明:已配置双选件,但仅安装了一块 DeviceNet 主控/从控电路板。

后果:仅一块 DeviceNet 电路板可用。

可能原因:第二块 DeviceNet 主控/从控电路板出现故障或无此设备。

建议措施:①确保第二块 DeviceNet 主控/从控电路板已安装;②更换有故障的第二块 DeviceNet 主控/从控电路板。

2) 31910,Profibus-DP 主控/从控电路板缺失

说明:Profibus-DP 主控/从控电路板不工作。

后果:无法进行 Profibus 通信。

可能原因:Profibus-DP 主控/从控电路板出现故障或无此设备。

建议措施:①确保 Profibus-DP 主控/从控电路板已安装;②更换有故障的 Profibus-DP 主控/从控电路板。

3) 31911,Profibus-DP 主控/从控电路板更新错误

说明:RobotWare 软件无法将新的驱动程序下载到 Profibus-DP 主控/从控电路板,无法对 Profibus-DP 主控/从控电路板的 arg 信道(ch arg)编程;内部错误代码为"arg"。

后果:无法进行 Profibus 通信。

可能原因:RobotWare 软件损坏或电路板硬件故障。

建议措施:①重新启动系统,然后重新下载软件;②重新安装现有系统文件;③创建并运行新的系统,然后下载驱动程序;④更换有故障的电路板。

4) 32500,机器人通信卡缺失

说明:系统无法与机器人通信卡取得联系。

后果:系统无法与安全系统通信,转入系统故障状态。

可能原因:机器人通信卡发生故障或缺失。

建议措施:①确保机器人通信卡已安装;②如果该单元发生故障,则更换该单元。

5) 32542,驱动单元硬件不受支持

说明:在驱动模块 arg 中,系统无法使用带有硬件标识"arg"的驱动单元,因为硬件修订版 arg 不受支持。

后果:系统无法使用驱动单元,进入系统故障状态。

可能原因:RobotWare 的版本太旧而不支持驱动单元。

建议措施:①将 RobotWare 升级至支持驱动单元修订版;②将驱动单元替换为兼容硬件修订版的驱动单元。

6) 32530,与安全系统无通信

说明:安全系统和机器人通信卡之间无串行通信。

后果:系统转入系统故障状态。

可能原因:安全系统和机器人通信卡之间的电缆可能存在硬件损坏,也可能是安全系统或其电源发生故障。

建议措施:①重新启动系统,以恢复工作;②确保机器人通信卡和安全系统之间的电缆正常工作并正确连接;③检查安全系统的电源;④如果该单元发生故障,则进行更换处理。

7) 32562,轴计算机通信错误

说明:尝试读取固件信息时,系统与驱动模块 arg 中的轴计算机通信失败。

后果:系统无法确定受影响的驱动模块中的固件是否需要升级,进入系统故障状态。

可能原因:主计算机和轴计算机之间的电缆断裂,连接器接线不良,或电缆中的干扰过大。

建议措施:①确保主计算机和轴计算机之间的电缆完好无损,且两个连接器正确连接;②确

保工业机器人接线附近无极度电磁干扰辐射。

8）34202,与驱动单元的通信中断

说明:在驱动模块 arg 中,轴计算机与单元位置为 arg 的驱动单元的通信已中断。

后果:纠正该错误之前无法进行任何操作,系统进入零转矩的电机关闭状态。

可能原因:该驱动单元和轴计算机之间存在通信问题。

建议措施:①检查所有电缆是否已正确连接;②检查该驱动单元是否拥有逻辑电源;③检查/更换以太网电缆;④检查其他硬件事件日志消息;⑤检查事件日志中的电源单元错误消息;⑥检查电源单元与驱动单元之间的接线;⑦检查电源单元的 24 V 输出。

9）34203,电机的电流太大

说明:电机的电流对于关节 arg 而言太大,该关节连接到了驱动装置中装置位置为 arg 和节点为 arg 的驱动模块 arg。

后果:纠正故障之前将无法进行任何操作,系统转入电机关闭状态。

可能原因:①电机配置不正确;②轴的载荷可能太大或者电机可能已失速(可能因碰撞);③电机对于驱动装置而言太小;④电机相间出现短路或接地。

建议措施:①检查电机配置是否正确;②检查工业机器人是否发生了碰撞;③如果可能,降低用户程序的速度;④检查轴载荷对于电机而言是否太大;⑤验证最大电机电流与驱动装置的最大电流相比是否太小;⑥通过分别测量电机电缆和电机的电阻来对其进行检查(测量前先断开连接)。

10）34256,整流器温度警告

说明:在驱动模块 arg 中,位于驱动单元位置 arg 的整流器单元即将达到过高的温度水平。

后果:系统虽可以继续操作,但由于相对于所允许的最高温度的裕度太小,因此将无法保持长时间操作。

可能原因:①散热风扇可能有问题,或者可能气流不畅;②环境温度可能过高;③系统运行期间可能长时间处于转矩过高状态。

建议措施:①检查散热风扇是否在运行以及气流是否受阻;②检查环境温度是否超过机柜的额定温度值;③如果可能,重新编写用户程序,以减少硬加速量和硬减速量;④减小由重力或外力产生的静态转矩。

11）38101,SMB 通信故障

说明:在驱动模块 arg 中的测量链路 arg 上检测到轴计算机和串行测量电路板之间存在传输故障。

后果:系统进入系统故障状态,并丢失校准消息。

可能原因:轴计算机与串行测量电路板接触不良或电缆(屏蔽)损坏,特别是采用非 ABB 专用附加轴电缆时;也可能是因为串行测量电路板或轴计算机出现故障。

建议措施:①参阅工业机器人产品手册中的详细说明,重新设置工业机器人的转数计数器;②确保串行测量电路板和轴计算机之间的电缆正确连接且符合 ABB 设定的规格;③确保电缆屏蔽两端正确连接;④确保工业机器人接线附近无极度电磁干扰辐射;⑤确保串行测量电路板和轴计算机正常工作;⑥更换故障单元。

4. 4××××　程序事件;与 RAPID 指令、数据等有关的事件

1）40002,自变量错误

说明:已为一个以上的参数指定自变量 arg。

建议措施:①选择参数的参数列表中包含互斥参数;②确保该自变量仅用于一个参数。

2）40016,数据声明错误

说明:数组定义中维数过多。

建议措施:数组最多可具有三维,可重写程序,使所需维数不超过三维。

3）40026,类型错误

说明:二元运算符"＋"或"－"的右操作数属于非法类型 arg。

建议措施:二元运算符"＋"的允许操作数类型是"num"、"pos"和"string",二元运算符"－"的允许操作数类型为"num"和"pos",检查操作数类型。

4）40041,名称错误

说明:全局持续变量名称 arg 不明确。

建议措施:在整个程序的所有全局类型、数据、全局例行程序和模块中,全局数据必须拥有唯一的名称,重命名数据或更改不一致的名称。

5）40064,例行程序声明错误

说明:指定例行程序定义中不允许插入参数的占位符。

建议措施:完成参数声明,删除占位符,或将例行程序名称改为占位符。

6）40206,中断队列已满

说明:所有正常任务已停止执行;执行陷阱例行程序时,arg 发生的中断次数过多。

后果:系统进入锁定状态,将程序指针移至任意位置之前,系统无法重新启动。

可能原因:执行陷阱例行程序时,中断次数过多。这可能是由于 CPU 负荷过重造成的。

建议措施:①最大限度地缩短陷阱例行程序的执行时间;②执行陷阱例行程序时,使用 Isleep 或 Iwatch 命令禁用/启用中断。

5. 5××××　动作事件;与控制机械臂的移动和定位有关的事件

1）50024,转角路径故障

说明:由于延时、编程点太近或系统要求较高的 CPU 负载,arg 转角路径作为停止点执行。

建议措施:①减少连续移动指令之间的指令数量;②降低速度,使用间距更大的点,使用/CONC 选项;③增加 ipol_prefetch_time。

2）50050,位置超出范围

说明:arg 关节 arg 的位置位于工作区域以外。关节 1～6:导致错误的轴的编号。关节 23:轴 2 和轴 3 的组合导致该错误。

可能原因:ConfL_Off 正被使用,或者移动幅度过大,超过距离轴的90°。

建议措施:①检查工件或工作范围;②在关节坐标系内移动关节;③检查动作配置参数;④在远距离移动路径上插入中间点。

3）50053,转数计数器的差异过大

说明:接点 arg 的转数计数器差异过大,系统检测到串行测量电路板上转数计数器的实际值与系统预期值相差过大。

后果:工业机器人未校准,可以手动微动控制,但无法执行自动操作。

可能原因:电源关闭时手动更改了工业机器人手臂的位置,串行测量电路板、分解器或电缆出现故障。

建议措施:①更新转数计数器;②检查分解器和电缆;③检查串行测量电路板,判定串行测量电路板是否存在故障;④更换有故障的单元。

4）50063,不确定的圆

说明:arg 点放错位置。

可能原因:①终点太靠近起点;②圆点离起点过近;③圆点离终点过近;④不确定的重新定向;⑤圆过大(>240°)。

建议措施:检查圆点和运动指令的端点,可通过手动方式将圆分段来验证圆点。

5) 50082,减速限值

说明:在动作路径文件 arg 中运行的机械单元的路径计算超出了内部限制,动作任务未在时限内执行。

可能原因:CPU 负荷过高(可能是由过于频繁的 EIO 通信造成的)。

建议措施如下。①为受影响的动作路径文件设置参数 High Interpolation Priority(高补插优先级)。②通过下面一个或多个操作减小 CPU 负荷:降低速度;更改 AccSet;避免奇点(Sing Area\Wrist);使用系统参数或者通过对关键移动使用 RAPID 指令 Path Resol,增加受影响的动作路径文件的路径解析度。

6) 50204,动作监控

说明:机械单元 arg 上轴 arg 的动作监控已被触发。

后果:机械单元 arg 的移动被立即中断,随后它将返回至运行路径的某个位置;在此处它将保持电机开启(ON)的状态,并等待启动请求。

可能原因:碰撞、负荷定义或外部过程的力度不正确。

建议措施:①如果可能,确认故障,并通过按示教器上的"Start"(开始)按钮恢复操作;②确保任何负荷均被正确定义和标识;③如果机械单元受到外部过程中的力,则使用 RAPID 命令或系统参数来提高监控级别。

7) 50235,未接到中断信号

说明:在超时时限内未接到机器人通信卡发送的中断信号。

后果:系统进入 SYS FAIL 状态。

可能原因:机器人通信卡可能发生故障。

建议措施:①重新启动系统,恢复操作;②更换出现故障的机器人通信卡;③检查与该错误日志消息同时出现的所有其他错误日志消息,查找线索。

6. 7×××× I/O 事件;与输入和输出、数据总线等有关的事件

1) 71058,与 I/O 单元的通信中断

说明:先前与 I/O 总线 arg 上地址为 arg 的 I/O 单元 arg 的工作通信已经中断。

后果:无法访问该 I/O 单元本身或无法接收该 I/O 单元上的 I/O 信号,因为该 I/O 单元当前未与控制柜通信。

可能原因:I/O 单元可能已经断开与系统的连接。

建议措施:①确保总线电缆连接到控制柜;确保 I/O 单元供电正常;②确保至 I/O 单元的接线正确。

2) 71084,超过最大已订阅 I/O 信号数量

说明:I/O 配置无效,已超过 I/O 系统内已订阅 I/O 信号的最大数量 arg>。

建议措施:修改 I/O 系统的配置(减少订阅数量),使订阅数量不超过最大限值。

3) 71101,I/O 总线未定义

说明:I/O 单元 <arg> 的 I/O 配置无效,在系统内找不到 I/O 总线 <arg>;I/O 单元必须引用已定义的 I/O 总线,已安装的 I/O 总线为 argargarg。

后果:此 I/O 单元已被拒绝,所有依赖此 I/O 单元的功能将无法实现。

建议措施:①确保 I/O 总线已定义;②确保 I/O 总线名称的拼写正确。

4）71201，未知 I/O 总线

说明：I/O 配置无效，在系统中找不到 I/O 总线 ＜arg＞；已安装的 I/O 总线为 argargargarg。

后果：该 I/O 总线已被拒绝，所有依赖该 I/O 总线的功能将无法实现。

建议措施：①确保系统已配置所需的 I/O 总线；②确保现有的 I/O 总线已安装；③检查 I/O 总线配置。

5）71231，连接了错误的 Profibus I/O 单元

说明：位于地址 ＜arg＞ 的 Profibus I/O 单元 ＜arg＞ 拥有错误的标识号；报告的标识号为 arg，预期标识号为 arg。

后果：系统无法启动 I/O 单元，且在 Profibus 上不能通信。

可能原因：①位于地址 ＜arg＞ 的 I/O 单元可能为错误的 I/O 单元类型；②配置可能不正确，即二进制配置文件不正确或在某些情况下系统参数不正确。

建议措施：①确保系统参数正确；②确保 Profibus 二进制配置文件正确；③更换 I/O 单元。

6）71300，DeviceNet 总线通信警告

说明：DeviceNet 总线 ＜arg＞ 上发生少量通信错误。

结果：系统将维持正常操作，包括在 DeviceNet 上的操作。

可能原因：故障可能是由干扰、电源设备和电缆或通信电缆引起的。

建议措施：①确保正确连接所有终端电阻；②确保所有通信电缆和连接器正常工作，并使用推荐类型；③检查网络拓扑和电缆长度；④确保 DeviceNet 电源设备正常工作；⑤更换故障单元。

7）71362，映射到 I/O 单元数据区域之外的 I/O 信号

说明：无法将 I/O 信号 ＜arg＞ 的物理状态更改为 VALID。

后果：此 I/O 信号的物理状态仍然为 NOT VALID。

可能原因：I/O 信号已映射到位于其所分配的 I/O 单元的数据区域之外的位。

建议措施：①检查 I/O 信号的单元映射是否正确；②检查 I/O 信号是否已分配至正确的 I/O单元；③检查单元类型上系统参数"连接输入/输出"的大小，在某些单元类型上可以增大这些参数。

4.3.3　任务实施

查阅工业机器人事件日志信息，根据当前存储的所有事件日志信息制作电子表格，做到分类明确，信息全面（包含的信息涉及公用、操作、系统、硬件、程序、动作、I/O 与通信、用户、安全、内部、过程、配置、RAPID、Connected Services 等方面）。

4.3.4　知识扩展

日志文件是用于记录系统操作事件的记录文件或文件集合，可分为事件日志文件和消息日志文件，起到处理历史数据、追踪诊断问题以及理解系统的活动等重要作用。

在计算机中，日志文件是记录在操作系统或其他软件运行中发生的事件或在通信软件的不同用户之间的消息的文件。记录是保持日志的行为。在最简单的情况下，消息被写入单个日志文件。许多操作系统软件框架和程序包括日志系统。广泛使用的日志记录标准是在因特网工程任务组（IETF）RFC 5424 中定义的 syslog 标准。syslog 标准使专用的标准化子系统能够生

成、过滤、记录和分析日志消息。

事件日志记录在系统执行中发生的事件,以便用于理解系统的活动和诊断问题的跟踪。它们对理解复杂系统的活动至关重要,特别是在用户交互较少的应用程序中。它还可以用于组合来自多个源的日志文件条目。这种方法与统计分析相结合,可以产生不同服务器上看起来不相关的事件之间的相关性。其他解决方案采用网络范围内的查询和报告。

日志文件的优点是:①可以处理历史数据;②不受防火墙阻隔;③可以追踪带宽;④可以追踪搜索引擎蜘蛛;⑤可以追踪移动用户。缺点是:①受代理和缓存的影响;②不能追踪事件;③需要手动升级软件;④需要将数据存放在本地;⑤搜索引擎机器人会增加浏览数据。

4.3.5　任务小结

事件日志中的代码分类就像医院的科室,我们必须根据故障代码找到正确的位置,然后根据建议措施结合经验来排除故障。

◀ 项 目 总 结 ▶

本项目围绕工业机器人控制系统故障展开内容,从故障排除提示与窍门入手,告诉学生排除故障的方法。本项目通过对工业机器人控制柜中 LED 状态指示灯的状态进行分析,使学生了解到系统当前的运行状态;通过事件日志故障排除,使学生了解到对故障要进行分类查找,从源头下手。不论何种故障,发生了肯定是有原因的,只要认真去分析,做好记录,动手实践,一定能排除故障。

本项目重点要掌握的内容有对工业机器人控制系统故障进行解析,用不同的方法分析故障产生的原因,根据系统提示信息和经验去排除故障。

◀ 思考与练习 ▶

一、单项选择题

1. ABB 工业机器人"转数计数器未更新"的报警代码是(　　)。

A. 10013　　　　B. 10136　　　　C. 10036　　　　D. 11036

2. ABB 工业机器人"类型错误"的报警代码是(　　)。

A. 21300　　　　B. 51300　　　　C. 61326　　　　D. 40026

3. ABB 工业机器人"DeviceNet 总线通信警告"的报警代码是(　　)。

A. 31300　　　　B. 51300　　　　C. 71300　　　　D. 71382

4. ABB 工业机器人"SMB 通信故障"的报警代码是(　　)。

A. 20103　　　　B. 38101　　　　C. 40130　　　　D. 50063

5. ABB 工业机器人"不确定的圆"的报警代码是(　　)。

A. 30063　　　　B. 50063　　　　C. 10036　　　　D. 71300

二、填空题

1. 主计算机模块就好比工业机器人的_____,位于工业机器人控制柜的正上方。主计算机模块的 LED 状态指示灯位于主计算机模块的中央位置。

2._____是工业机器人控制柜的核心,所含选购插件可为工业机器人用户提供一系列丰富的系统功能,如多任务并行、向工业机器人传输文件信息、与外部系统通信等。

3. 故 障 排 除 策 略 是: _____, _____, _____,_____。

4.在更换已被隔离的可疑故障单元时,_____,这一点很重要。

5.工业机器人控制柜内模块状态识别和故障诊断主要依靠_____状态指示灯。

项目5
工业机器人常见故障排除

本项目主要对工业机器人常见故障及其排除方法进行介绍,使学生学会对工业机器人常见故障进行诊断和排除,为今后的现场作业打下坚实的基础。

 【学习目标】

※ **知识目标**
1. 了解工业机器人定位精度验证。
2. 了解工业机器人控制柜故障的诊断技巧。
3. 了解工业机器人远程监控服务平台。

※ **技能目标**
1. 掌握 FlexPendant 死机故障诊断与保养。
2. 掌握现场 I/O 通信故障处理。
3. 掌握工业机器人控制柜网络回路诊断。
4. 掌握工业机器人气动系统故障处理。
5. 掌握工业机器人环境检测系统故障处理。
6. 掌握工业机器人集成周边电控系统故障处理。

◀ 5.1 FlexPendant 死机故障诊断与保养 ▶

5.1.1 任务目标与要求

示教器属于电子产品,在工作中,维护不当或者环境因素会导致示教器死机。我们要从容应对这类故障,在不影响生产的情况下快速排除这类故障。

5.1.2 任务相关知识

FlexPendant 通过配电板与控制模块主计算机进行通信。FlexPendant 通过具有＋24 V 电源和两个使动设备链的电缆物理连接至配电板和紧急停止装置。FlexPendant 无法正常工作时应执行的操作如表 5-1 所示。

表 5-1　FlexPendant 无法正常工作时应执行的操作

步骤	操作
1	如果 FlexPendant 完全没有响应,则参考 FlexPendant 启动问题小节所述进行操作
2	如果 FlexPendant 启动,但是工作不正常,则参考 FlexPendant 与控制柜之间的连接问题小节所述进行操作
3	如果 FlexPendant 启动并且似乎可以操作,但显示错误事件消息,则参考 FlexPendant 的偶发事件消息中的详述进行操作
4	检查电缆的连接和完整性
5	检查 24 V 电源
6	阅读错误事件日志消息,并按参考资料的任何说明进行操作

在因为软件错误或误用而锁定 FlexPendant 的情况下,可以使用控制杆或者重置按钮解除 FlexPendant 锁定。使用控制杆解除 FlexPendant 锁定的操作如表 5-2 所示。

表 5-2　FlexPendant 解除锁定操作(使用控制杆)

步骤	操作
1	将控制杆向右完全倾斜移动三次
2	将控制杆向左完全倾斜移动一次
3	将控制杆向下完全倾斜移动一次
4	随即显示一个对话框,点击 Reset(重置)

1. FlexPendant 启动问题

描述:FlexPendant 完全没有响应或间歇性无响应,无适用的项,并且无可用的功能。如果 FlexPendant 启动,但是屏幕无显示,则参考 FlexPendant 与控制柜之间的连接问题小节所述进行操作。

后果:系统无法使用 FlexPendant。

可能原因:①系统未开启;②FlexPendant 没有与控制柜连接;③从 FlexPendant 到控制柜的电缆被损坏;④电缆连接器损坏;⑤FlexPendant 的电源出现故障。

建议执行以下操作:①确保系统已经打开,并且 FlexPendant 连接到控制柜;②检查 FlexPendant 电缆,看是否存在任何损坏迹象;③如果有可能,通过连接不同的 FlexPendant 进行测试,以排除导致错误的是 FlexPendant 和电缆;④如果有可能,用不同的控制柜来测试 FlexPendant,以排除控制柜不是错误源。

2. FlexPendant 与控制柜之间的连接问题

描述:FlexPendant 启动,但没有显示屏幕图像,无适用的项,并且无可用的功能。可参考 FlexPendant 启动问题小节所述内容。

后果:系统无法使用 FlexPendant。

可能原因:①以太网络有问题;②主计算机有问题。

建议的操作:①检查从电源到主计算机的全部电缆,确保它们正确连接;②确保 FlexPendant 与控制柜正确连接;③检查控制柜中所有单元的各个 LED 状态指示灯;④检查主计算机上的全部状态信号。

3. FlexPendant 的偶发事件消息

描述:FlexPendant 上显示的事件消息是不确定的,并且似乎不与机器上的任何实际故障对应。FlexPendant 上可显示几种类型的似乎不正确的信息。如果没有正确执行,在主操纵器拆卸或者检查之后可能会发生此类故障。

后果:因为不断显示消息而造成重大的操作干扰。

可能原因:①内部操纵器接线不正确;②连接器连接欠佳、电缆扣环太紧使电缆在操纵器移动时被拉紧,因为摩擦,信号与地面短路造成电缆绝缘擦破或损坏。

建议的操作:①检查所有内部操纵器接线,尤其是所有断开的电缆、在最近维修工作期间重新连接的电缆或捆绑的电缆;②检查所有电缆连接器,以确保它们正确连接并且拉紧;③检查所有电缆绝缘是否损坏。

5.1.3　任务实施

示教器死机,屏幕显示正常,点击屏幕时没有任何反应,说明示教器出现了故障。这时需要对此故障进行排除。

通过分析可得出两种情况:第一,点击屏幕没有任何反应,可能是示教器死机了;第二,示教器触摸屏硬件损坏,无法点击。

1. 示教器死机重新启动

(1) 用示教器的触控笔点击一下重置按钮,示教器重新启动。

(2) 如果没有重置按钮,则使用控制杆进行操作。

(3) 将控制杆向右完全倾斜移动三次。

(4) 将控制杆向左完全倾斜移动一次。

(5) 将控制杆向下完全倾斜移动一次。

(6) 随即显示一个对话框,点击 Reset(重置),示教器重新启动。

2. 示教器触摸屏硬件损坏

(1) 关闭工业机器人控制柜电源。

(2) 将备用示教器与故障示教器对换(也可以将故障示教器和旁边工业机器人的示教器对换),确定是控制柜问题还是示教器问题。

(3) 如果是控制柜问题,则继续根据 LED 状态指示灯状态分析并排除故障。

（4）如果是示教器问题，则先更换示教器电缆，排除硬件与连接问题。

（5）如果更换电缆后排除故障，则说明是电缆问题，反之说明是示教器硬件问题，需要用专业设备进行检测和更换（找厂家进行维修）。

5.1.4　知识扩展

1. 示教器维修

示教器维修是近几年兴起的新兴行业，得益于工业机器人在工业生产中的广泛应用。示教器是工业机器人控制系统中操作较频繁的部件，容易因摔落、重压等造成故障，从而影响工业机器人的正常工作。

2. 名词解释：示教器（FlexPendant）

示教器又叫示教编程器，是工业机器人控制系统的核心部件，是一个用来注册和存储机械运动或处理记忆的设备。示教器维修是示教器维护和修理的泛称，是指针对出现故障的示教器，通过专用的高科技检测设备进行排查，找出故障的原因，并采取一定的措施排除故障，使示教器恢复达到一定的性能，确保工业机器人得以正常使用。示教器维修包括示教器大修和示教器小修。示教器大修是指修理或更换示教器任何零部件，恢复工业机器人示教器的完好技术状况和安全（或接近安全）恢复示教器寿命的恢复性修理。示教器小修是指用更换或修理个别零件的方法，保证或恢复示教器正常工作。

3. 行业由来

机器人示教器维修至关重要。用于我国工业生产中的机器人大多数都是进口的，国内工业机器人维修技术匮乏，出现故障后往往只能依赖国外的供应商进行维修，普遍存在售后服务不到位、返修周期长、维修成本高的问题，动辄好几万元的维修费用或者几十万元的更换费用使得国内的工业机器人用户苦不堪言。国内一些工控设备维修企业"嗅"到了其中的商机，开拓了针对工业机器人控制系统的维修业务。

4. 基础知识

在繁忙的加工车间，因某台工业机器人的示教器出现故障而影响生产进度，导致下面的工序无法进行下去，是十分令车间负责人头痛的一件事情。有时候一个小毛病就有可能造成示教器出现故障，如果了解示教器维修与保养的基础知识，就能避免工业机器人"罢工"。

示教器维修与保养注意事项如下。

（1）示教工业机器人前先执行下列检查，一旦发现问题应立即解决，并确认其他必须做的工作均已完成：①检查工业机器人的运动有无异常；②检查外部电缆的绝缘及遮盖物有无损坏。

（2）示教器使用完毕后，务必挂回到控制柜的钩子上。如果示教器放在工业机器人上或者地面上，则会因摔落或者重压导致示教器损坏。

5. 示教器故障处理方案

（1）示教器触摸不良或局部不灵：更换触摸面板。

（2）示教器无显示：维修或更换内部主板或显示屏。

（3）示教器显示不良、竖线、竖带、花屏等：更换显示屏。

（4）示教器按键不良或不灵：更换按键面板。

（5）示教器有显示无背光：更换高压板。

（6）示教器操纵杆 X、Y、Z 轴不良或不灵：更换操纵杆。

（7）急停按钮失效或不灵：更换急停按钮。

（8）数据线不能通信或不能通电，内部有断线等：更换数据线。

5.1.5 任务小结

本任务通过两种方法对示教器死机故障进行了排除，实际中采用哪一种办法视现场环境而定。排除示教器故障最笨的方法是对工业机器人控制柜进行断电重启，这时候示教器也会重新启动。

◀ 5.2 工业机器人定位精度验证 ▶

5.2.1 任务目标与要求

工业机器人定位精度会直接影响到加工产品的质量。随着使用时间的增长，工业机器人的机械结构会产生磨损，这样会影响到工业机器人的定位精度。本任务以 STAUBI 工业机器人为例，讲述工业机器人的定位精度验证。通过对本任务的学习，学生应能对 ABB IRB 1410 工业机器人进行定位精度验证。

5.2.2 任务相关知识

随着智能制造业的不断发展，机器人在工业制造中的优势越来越显著，伴随这股技术革新的潮流，我国工业领域的机器人使用范围逐年扩大，机器人各项技术也随之迅速发展。一般情况，厂家在提供工业机器人的时候会给出定位精度、重复精度、尺寸及负载等主要参考指标，用户在这些指标的指导下对工业机器人产品进行选择，然后厂家根据用户的实际使用情况进行现场编程，以满足不同用户的需求。在这些指标中，定位精度无疑是一个重要的指标，厂家在设计一款工业机器人的时候根据模型计算出工业机器人末端固定装置的定位精度，在工业机器人出厂前也会按照各项标准对工业机器人进行测试和校准，特别是在高精度应用的场合，一些厂家，如 ABB、KUKA 等，还会在常规工业机器人的基础上提供高精度版工业机器人，以满足用户的高性能需求。工业生产环境是相对复杂的，在复杂的环境下，一款工业机器人是否能够保持出厂性能，或者对突变的环境或状况进行自适应呢？在这种情况下，对工业机器人定位精度进行验证就成了用户关心的一个问题。另外，在一些应用场合，工业机器人末端的位置信息本身也需要作为系统的反馈信息，这就对定位精度提出了更高的要求。

描述：工业机器人 TCP 的路径不一致，它经常变化，并且有时会伴有轴承、变速箱或其他位置发出的噪声。

后果：无法进行生产。

可能原因：①工业机器人没有正确校准；②未正确定义工业机器人 TCP；③平行杆被损坏（仅适用装有平行杆的工业机器人）；④在电机和齿轮之间的机械接头损坏，出现故障的电机通常会发出噪声；⑤轴承损坏（尤其是当耦合路径不一致并且一个或多个轴承发出滴答声或摩擦噪声时）；⑥将错误类型的工业机器人连接到控制柜；⑦工业机器人制动闸未正确松开。

建议的操作：①确保正确定义工业机器人工具和工作对象；②检查转数计数器的位置；③如果有必要，重新校准工业机器人轴；④通过跟踪噪声找到有故障的轴承；⑤通过跟踪噪声找到有故障的电机，分析工业机器人 TCP 的路径，以确定哪个轴有故障，进而确定哪个电机可能有故障;⑥检查平行杆是否正确(仅适用于装有平行杆的工业机器人);⑦确保根据配置文件中的指定连接正确的工业机器人类型;⑧确保工业机器人制动闸可以正确地工作。

工业机器人的精度通常比精密机床要低一个数量级,搬运机器人甚至低三个数量级。由于工业机器人的结构本身刚度小,所以工业机器人实际上往往达不到它所标称的精度,也因此工业机器人的标定根据精度需要,通常可以比机床容易一些。另外,工业机器人采用开放性的结构,而机床是封闭的,所以更容易用一些开放性的光学设备进行精度标定。

工业机器人线性路径精度测试案例如下。

1. 测试目的

此次测试的是由瑞士制造的 STAUBI 工业机器人,本部分测试的是 STAUBI 工业机器人的线性路径精度。

2. 测试工具

测试所用的工具主要是百分表、磁铁架、固定支架(见图 5-1)等。

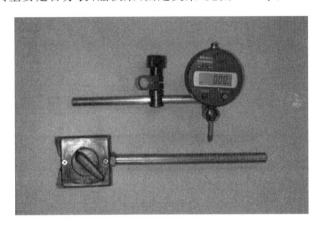

图 5-1　STAUBI 工业机器人线性路径精度测试工具示图

3. 测试过程

1)测试步骤

(1)先将固定支架固定在工业机器人第六轴上,再将百分表固定在固定支架的末端,将加工好的一块钢板水平固定在平台上。此钢板是标准加工件,平直度较好。

(2)STAUBI 工业机器人编程。

(3)STAUBI 工业机器人示教,在钢板的两端找距离较远的两个点,示教直线两端的点时,用百分表端部稍微顶住钢板,使百分表显示一个负值,这样在运动过程中有变化时可以清楚地看出。

(4)先测上下偏移量,再测左右偏移量。

(5)测试时,重复两点间的运动,在两点间的运动过程中,每运动一小段距离停止一下,记录百分表的数值,重复测试三次,记录三组数据。

2)测试状况

测试状况如图 5-2 和图 5-3 所示。

4. 参数记录及结果分析

记录参数并进行结果分析。其中上下偏移量测试数据如表 5-3 所示,左右偏移量测试数据如表 5-4 所示。

图 5-2　STAUBI 工业机器人上下偏移量测试

图 5-3　STAUBI 工业机器人左右偏移量测试

表 5-3　STAUBI 工业机器人上下偏移量测试数据

项目	起始点数值 /mm	运动过程点数值/mm			终结点数值 /mm
		第 1 组	第 2 组	第 3 组	
	−0.13	−0.12	−0.10	−0.12	−0.12
		−0.13	−0.09	−0.10	
		−0.11	−0.24	−0.08	
		−0.10	−0.08	−0.10	
		−0.11	−0.07	−0.06	
		−0.10	−0.24	−0.11	
		−0.09	−0.10	−0.09	
		−0.09	−0.25	−0.26	
		−0.10	−0.08	−0.10	
		−0.12	−0.07	−0.23	
		−0.10	−0.06	−0.18	
		−0.09	−0.05	−0.12	
		−0.10	−0.24	−0.13	
		−0.08	−0.15	−0.08	
		−0.12	−0.26	−0.10	
		−0.06	−0.22	−0.07	
		−0.03	−0.23	−0.09	
		−0.07	−0.11	−0.08	
		−0.09	−0.18	−0.12	
		−0.11	−0.13	−0.11	
误差量		±0.10	±0.13	±0.13	
最小/最大误差量		±0.13			

　　根据上下偏移量测试数据初步进行分析可知，STAUBI 工业机器人线性路径精度为
±0.13 mm。

表 5-4 STAUBI 工业机器人左右偏移量测试数据

项目	起始点数值 /mm	运动过程点数值/mm			终结点数值 /mm
		第 1 组	第 2 组	第 3 组	
	−0.33	−0.31	−0.35	−0.33	−0.32
		−0.28	−0.32	−0.31	
		−0.33	−0.29	−0.29	
		−0.27	−0.33	−0.30	
		−0.28	−0.34	−0.27	
		−0.27	−0.35	−0.32	
		−0.31	−0.33	−0.25	
		−0.27	−0.29	−0.30	
		−0.33	−0.24	−0.26	
		−0.29	−0.27	−0.19	
		−0.30	−0.25	−0.28	
		−0.28	−0.24	−0.27	
		−0.26	−0.19	−0.34	
		−0.22	−0.22	−0.36	
		−0.24	−0.19	−0.38	
		−0.27	−0.24	−0.36	
		−0.35	−0.18	−0.40	
		−0.39	−0.24	−0.39	
		−0.41	−0.32	−0.43	
		−0.40	−0.32	−0.38	
误差量		±0.11	±0.15	±0.14	
最小/最大误差量		±0.15			

根据左右偏移量测试数据进行初步分析可知,STAUBI 工业机器人线性路径精度为 ±0.15 mm。

5. 结论

根据测试数据进行分析,初步测得 STAUBI 工业机器人线性路径的重复精度为 ±0.15 mm,能够满足现场焊接生产的需要。

5.2.3 任务实施

ABB IRB 1410 工业机器人定位精度验证步骤如下。

步骤 1:准备好百分表、磁铁架、固定支架。

步骤 2:先将固定支架固定在工业机器人第六轴上,再将百分表固定在固定支架的末端,将加工好的一块钢板水平固定在平台上。此钢板是标准加工件,平直度较好。

步骤 3:ABB 工业机器人编程。

步骤 4:ABB 工业机器人示教,在钢板的两端找距离较远的两个点,示教直线两端的点时,用百分表端部稍微顶住钢板,使百分表显示一个负值,这样在运动过程中有变化时可以清楚地看出。

步骤 5：先测上下偏移量，再测左右偏移量。

步骤 6：测试时，重复两点间的运动，在两点间的运动过程中，每运动一小段距离停止一下，记录百分表的数值，重复测试 3 次，记录 3 组数据。

步骤 7：重复测试 20 次，将数据记录到表格中。

步骤 8：根据计算分析得出 ABB IRB 1410 工业机器人线性路径的重复精度。

5.2.4　知识扩展

定位精度指的是数控设备停止时实际到达的位置和人们要求它到达的位置的误差。例如，要求一个轴走 100 mm，结果实际上它走了 100.01 mm，多出来的 0.01 mm 就是定位精度。

重复定位精度指的是在同一个位置重复定位所产生的误差。例如，要求一个轴走 100 mm，结果第一次实际上它走了 100.01 mm，重复一次同样的动作，它走了 99.99 mm，这之间的误差 0.02 mm 就是重复定位精度。

通常情况下，重复定位精度比定位精度要低得多。

对于数控设备来说，定位精度不仅与伺服系统、检测系统、进给系统等的误差有关，还与移动部件导轨的几何误差有关。定位精度将直接影响零件加工的精度。

重复定位精度受伺服系统特性、进给传动环节的间隙与刚性以及摩擦特性等因素的影响。一般情况下，重复定位精度是呈正态分布的偶然性误差，它影响一批零件加工的一致性，是一项非常重要的精度指标。

5.2.5　任务小结

本任务通过验证工业机器人定位精度，再次让学生多动手操作工业机器人，并熟悉工业机器人的编程与调试方法。

◀ 5.3　工业机器人控制柜故障的诊断技巧 ▶

5.3.1　任务目标与要求

控制柜作为工业机器人的控制部分起着主宰作用，当工业机器人控制柜因发生故障而报警时，如何快速准确地定位故障并给出诊断结果，是摆在工业机器人工程师面前的难题。

在本任务中，我们将对工业机器人控制柜故障诊断技巧进行梳理，并整理成一个思路，供大家学习，以便在实际工作的过程中有的放矢地排除工业机器人控制柜故障。

5.3.2　任务相关知识

1. 工业机器人控制柜软故障的检查

ABB 工业机器人运行的工业机器人系统 RobotWare，为工业机器人的运行、编程、调试和功能设定与开发提供了一个软件运行平台。一般地，可以通过对 RobotWare 定期升级的方法来给工业机器人增加新的功能与特性，同时修改一些已知的错误，从而使得工业机器人的运行更有效率和可靠。

在工业机器人正常运行的过程中,由于对工业机器人系统 RobotWare 进行了误操作(如意外删除系统模块、I/O 设定错乱等)所引起的报警与停机,可以称为软故障。

1) 软故障实战 1——系统故障

系统故障的检查与排除操作如表 5-5 所示。

表 5-5　系统故障的检查与排除操作

步骤	描述	图示
1	引起系统故障的原因有很多,点击事件任务栏,可查看详细说明	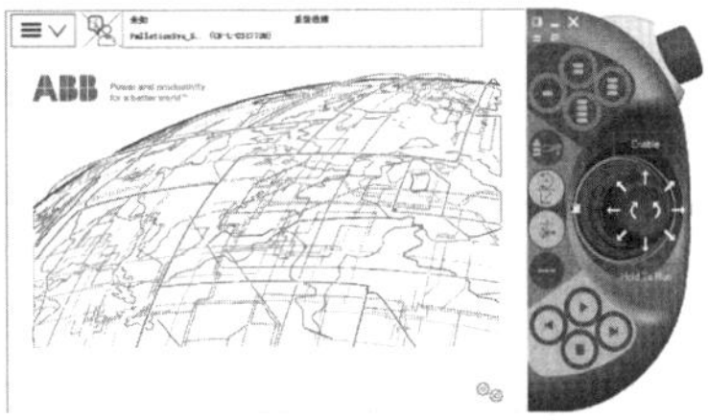
2	对报警的信息进行分析,应该与系统输入的设定有关,所以通过打开系统输入的设置画面进行查看	
3	打开系统输入设置画面的菜单流程路径	
4	点击"diStart_"打开	
5	"Action"中必须设定输入信号与系统关联的状态,不能为空,所以出现了对应的故障报警	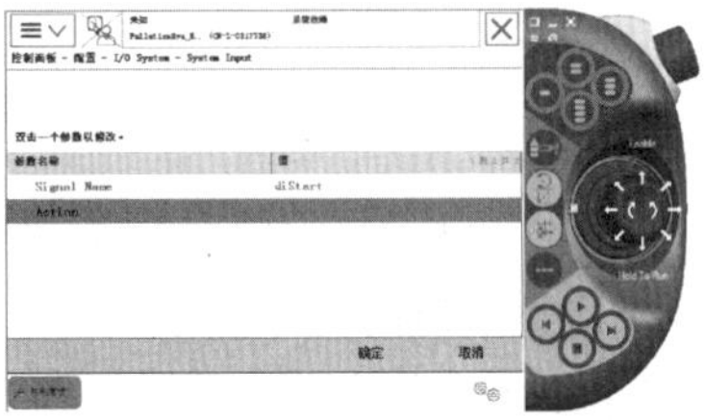

步骤	描述	图示
6	在"Action"和"Argument1"中设定对应的参数。具体参数的含义可参考相应的说明书。 设定完成后,点击确定	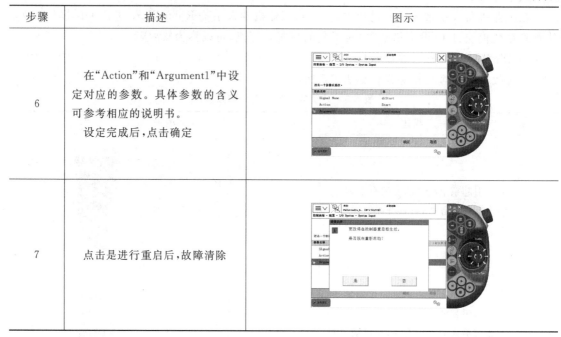
7	点击是进行重启后,故障清除	

在这里,我们来总结一下这个故障的处理流程:①认真查看报警信息;②根据报警信息的提示,确定产生故障的原因;③修正导致故障的错误;④重启系统,确认故障是否已排除。

2)软故障实战2——合理应用重启功能

在实际工业机器人应用过程中,如果工业机器人运行稳定、功能正常,不建议随意修改工业机器人系统 RobotWare(包括增减选项与版本升级)。只有在当前运行的 RobotWare 有异常并影响到工业机器人的效率与可靠性时,才考虑升级 RobotWare,解决软件本身的问题。

在系统信息菜单中点击系统属性,就可以查看到 RobotWare 的版本,如图 5-4 所示。

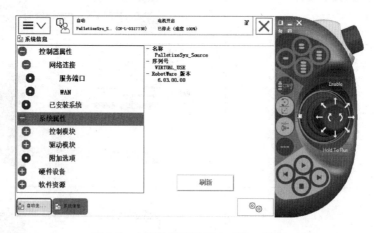

图 5-4　由示教器查看 RobotWare 版本

一般情况下,可以根据从外到里、从软到硬和从简单到复杂的流程进行故障的处理。特别是软故障,可以通过重启的方法尝试排除。

应用重启功能的操作步骤如表 5-6 所示。示教器重启功能解析如表 5-7 所示。

表 5-6　应用重启功能的操作步骤

步骤	描述	图示
1	打开 ABB 菜单栏，点击重新启动	
2	点击高级	
3	根据出现的软件故障选择对应的重启方式，尝试排除故障。 注意：不同的重启方式会不同程度地删除数据，应谨慎操作	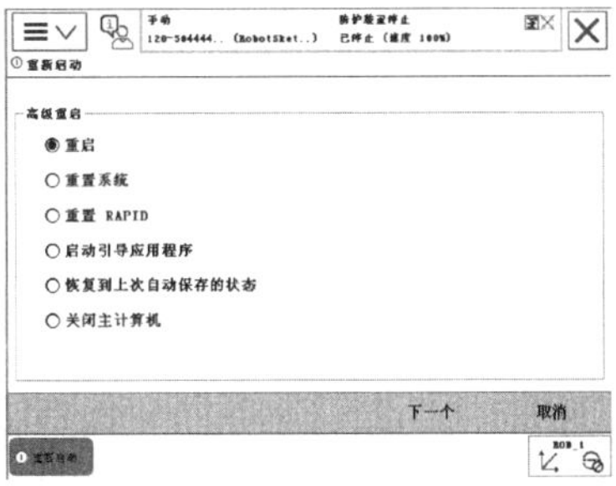

表 5-7　示教器重启功能解析

功能	清除的数据	说明
重启	不会	只是将系统重启一次
重置系统	所有数据	系统恢复到出厂设置状态
重置 RAPID	所有 RAPID 程序代码及数据	RAPID 恢复到原始的编程环境
启动引导应用程序	不会	进入系统 IP 设置及系统管理界面
恢复到上次自动保存的状态	可能会	如果本次是因为误操作引起的，则重启时会调用上一次正常关机保存的数据
关闭主计算机	不会	先关闭主计算机，然后关闭主电源，是较为安全的关机方式

在进行重启的相关高级操作前，建议先对工业机器人系统进行一次备份，这样较为稳妥。

2. 故障诊断时对工业机器人周边的检查方法

工业机器人本身的可靠性是非常高的,大部分的故障可能是人为操作不当引起的。所以当工业机器人发生故障时,先不着急拆装检查工业机器人,而是应该对工业机器人周边的部件、接头进行检查。

1) 与 SMB 通信中断的实战

工业机器人一上电启动,示教器就显示故障报警,一看之下还挺吓人,如图 5-5 所示的与 SMB 的通信中断报警。

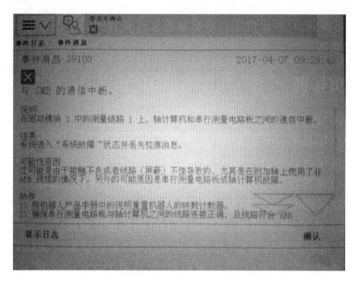

图 5-5 与 SMB 的通信中断报警

对事件消息 38103 中可能性原因进行分析可知,与 SMB 的通信中断的原因可能有以下三个:①SMB 电缆有问题;②工业机器人本体里面的 SMB 有问题;③工业机器人控制柜里面的轴计算机有问题。

排除由这三个原因引起的与 SMB 的通信中断故障都可能涉及硬件的更换。这台设备刚刚因为生产工艺的调整进行了搬运和重新布局,那么会不会是这个原因造成了此次的故障呢?这时,可考虑先去检查一下 SMB 电缆、工业机器人本体里面的 SMB 和工业机器人控制柜里面的轴计算机,如表 5-8 所示,重点检查连接的插头和 SMB 上的状态指示灯。

表 5-8 与 SMB 的通信中断故障排除

步骤	描述
1	检查 SMB 电缆的连接及屏蔽情况(重点检查)
2	查看工业机器人本体里面的 SMB
3	查看工业机器人控制柜里面的轴计算机

通过检查发现,造成这个故障的原因是工业机器人控制柜端的 SMB 电缆插头松了(见图 5-6)。可以按照表 5-9 中的步骤进行处理,看看能不能将故障排除。

表 5-9 SMB 电缆插头松动故障排除

步骤	描述
1	关闭工业机器人总电源

续表

步骤	描述
2	将 SMB 电缆插头重新插好并拧紧
3	检查并确认工业机器人本体与控制柜上的所有插头均已正确插好
4	重新上电,故障报警消失

图 5-6 工业机器人紧凑型控制柜线缆连接图

2）对工业机器人周边的一般检查方法

由上面的这个实例可以发现,工业机器人故障报警信息所显示的故障是由插头松动引起的,并不是事件信息中所描述的那样是硬件发生故障了。

在处理故障时,可以按表 5-10 进行内部硬件故障分析,从简单到复杂,从工业机器人周边到工业机器人内部硬件,进行故障的查找与分析。

表 5-10 内部硬件故障分析

检查	描述
1	相关的紧固螺丝是否松动?
2	所有电缆的插头是否插好?
3	电缆表面是否有破损?
4	硬件电路模块是否清洁、潮湿?
5	各模块是否正确安装(周期保养后)?

3）“一次只更换一个元件”的操作方法

以与 SMB 的通信中断这个故障为实例,若排除了插头与电缆的问题后还无法排除故障,说明真的涉及硬件的故障。SMB 硬件故障分析如表 5-11 所示。

表 5-11 SMB 硬件故障分析

原因	描述
1	SMB 电缆有问题

原因	描述
2	工业机器人本体里面的 SMB 有问题
3	工业机器人控制柜里面的轴计算机有问题

这里面涉及两个硬件，一个是工业机器人本体里面的 SMB，另外一个是工业机器人控制柜里面的轴计算机。那么，到底是哪一个有问题？还是两个都有问题呢？这时，对硬件进行故障诊断与排除可使用"一次只更换一个元件"的操作方法。一次只更换一个元件的流程如表 5-12 所示。

表 5-12　SMB 硬件故障排除（一次只更换一个元件）

步骤	描述
1	关闭工业机器人总电源
2	更换 SMB
3	打开工业机器人总电源，如果故障没有排除，则继续进行下面的步骤
4	关闭工业机器人总电源
5	恢复原来的 SMB
6	更换轴计算机
7	打开工业机器人总电源，如果故障没有排除，则继续进行下面的步骤
8	关闭工业机器人总电源
9	恢复原来的轴计算机
10	如果故障没有排除，则最好联系厂家进行检修

进行更换元件排除故障时，可以参考表 5-13 来记录所做的更换，这样有利于元件的恢复与故障分析。

表 5-13　SMB 硬件故障处理记录

编号	日期	时间	部件名称型号	操作	结果
1	3 月 6 日	10:00	SMB 备件	安装	故障依旧
2	3 月 6 日	10:34	原 SMB	恢复	
3	3 月 6 日	11:54	轴计算机备件	安装	故障依旧

5.3.3　任务实施

对工业机器人控制柜实施重新启动的具体操作如下。

步骤 1：点击示教器主菜单。

步骤 2：选择重新启动。

步骤 3：点击重启，这时工业机器人示教器重新启动。

步骤 4：工业机器人重启后，点击示教主菜单。

步骤 5：选择重新启动。

步骤 6：点击高级。

步骤 7：选择重启，点击下一步，选择重启，这时工业机器人重新启动。

步骤 8:重复步骤 4 到步骤 6,选择重置系统,点击下一步,选择重置系统,这时工业机器人重置系统并重新启动。

步骤 9:重复步骤 4 到步骤 6,选择重置 RAPID,点击下一步,选择重置 RAPID,这时机器人重置 RAPID 并重新启动。

步骤 10:重复步骤 4 到步骤 6,选择恢复到上次自动保存的状态,点击下一步,选择恢复到上次自动保存的状态,这时工业机器人恢复到上次自动保存的状态并重新启动。

步骤 11:重复步骤 4 到步骤 6,选择启动引导应用程序,点击下一步,选择启动引导应用程序,这时工业机器人重新启动到 IP 设置及系统管理界面。

步骤 12:重复步骤 4 到步骤 6,选择关闭主计算机,点击下一步,选择关闭主计算机,这时工业机器人关闭主计算机出现提示关闭主电源时,关闭主电源。

5.3.4　知识扩展

1. 在什么情况下需要对工业机器人进行备份?

(1) 新机器第一次上电后。

(2) 在做任何修改之前。

(3) 在完成修改之后。

(4) 如果工业机器人重要,则定期一周一次。

(5) 最好在 U 盘中也做备份。

(6) 太旧的备份定期删除,腾出硬盘空间。

2. 工业机器人出现报警提示信息 10106 维修时间提醒是什么意思?

这个是 ABB 工业机器人智能周期保养维护提醒。

3. 工业机器人备份可以多台工业机器人共用吗?

不可以。例如,工业机器人甲 A 的备份只能用于工业机器人甲,不能用于工业机器人乙或工业机器人丙,因为这样会造成系统故障。

5.3.5　任务小结

本任务着重系统的配置方面和硬件连接方面,特别是 I/O 配置这部分内容,一旦配置错误,工业机器人就会出现系统故障,这就是我们所说的软故障,根据提示的报警代码进行分析,将对应配置错误的信号删除就可以使工业机器人恢复正常。

◀ 5.4　工业机器人现场 I/O 通信故障处理 ▶

5.4.1　任务目标与要求

I/O 通信是工业机器人控制周边设备以及接收周边设备信号的一种方式,工作站越大,工业机器人的 I/O 就越多,线路就越复杂,加上一些执行机构在动作时会带着电线一起工作,工业机器人出现故障的概率越大。通过对本任务的学习,学生应在 ABB 工业机器人的 I/O 通信出现故障时,能够独立动手对 ABB 工业机器人的 I/O 通信故障进行排除。

5.4.2 任务相关知识

工业机器人I/O通信故障主要是指从工业机器人主计算机连接到外围的通信模块故障,包括信号不通、板卡不能识别等。

下面以一个故障实例来讲解I/O通信故障处理。

通过工业机器人示教器输入/输出界面手动强制控制工业机器人末端执行器上的气动夹具关闭时,夹具没有任何动作,此时工业机器人也没有任何报警情况出现。

在这种情况下,软件配置出现问题的概率较小,主要从电路与气路入手,但是也不能忽略最简单的地方,所以可以根据从近到远、从软到硬和从简单到复杂的流程进行故障的处理。在这种情况下进行故障排除是带电作业,一定要注意安全。

可从以下几个方面进行I/O通信故障排除。

1. 检查示教器输入/输出界面夹具控制信号

具体操作步骤如表 5-14 所示。

表 5-14 示教器输入/输出界面夹具控制信号检查步骤

步骤	描述
1	查看夹具控制信号的选择是否错误
2	检查夹具控制信号有没有被仿真
3	打开工业机器人控制柜柜门,查看对应 I/O 板的端口有没有 LED 状态指示灯亮起

以上内容先排除人为原因,有问题及时更正。需要说明的是,如果对应I/O板端口的LED状态指示灯亮起,则说明工业机器人控制柜端没有故障,可以继续向下排除;如果对应I/O板端口的LED状态指示灯没有亮起,则对工业机器人控制柜进行故障排除(这时先排查I/O电源,其次考虑硬件故障),在这里LED状态指示灯是没有问题的。

2. 检查末端执行器夹具气源

具体操作步骤如表 5-15 所示。

表 5-15 末端执行器夹具气源检查步骤

步骤	描述
1	检查空气压缩机有没有打开
2	检查气路阀门有没有打开
3	检查气路中气管有没有弯曲堵塞
4	强制手动控制末端执行器夹具气缸电磁阀动作,看夹具对应有没有动作
5	检查夹具气缸侧两根气管中其中一根有没有气(排查时小心气压伤人,一定要注意安全)
6	检查气缸有没有卡死
7	检查夹具有没有机械卡死

以上内容主要排除气源、气缸与机械的问题,有问题及时更正,问题更正后重新在示教器上进行控制,能动作说明故障已排除,不能动作就继续向下排查。

3. 检查工业机器人控制柜到夹具电磁阀 24 V 电源

具体操作步骤如表 5-16 所示。

表 5-16　工业机器人控制柜到夹具电磁阀 24 V 电源检查步骤

步骤	描述
1	检查工业机器人三轴中转箱中控制线上有没有 24 V 电源
2	检查电磁阀线圈上有没有 24 V 电源
3	检查工业机器人本体用户电缆控制线上有没有 24 V 电源
4	检查工业机器人控制柜末端有没有 24 V 电源
5	检查用户电源有没有 24 V 电源

以上内容主要排除 24 V 电源与夹具气缸电磁阀线圈的问题,有问题及时更正,排查到线圈末端也有电,此时可以排除电源故障,确定是电磁阀线圈问题,更换电磁阀线圈后重新用示教器控制夹具,夹具正常工作。以上故障排除步骤是根据经验确定的,实际故障排除要根据现场情况而定。

5.4.3　任务实施

DSQC 651 板无法与工业机器人正常通信的故障检查与排除步骤如下。

步骤 1:打开工业机器人电源,打开控制柜柜门,查看 DSQC 651 板上状态指示灯的状态(状态指示灯为绿色,说明电源没问题;状态指示灯不亮,先检查柜门 XT31 端子有无 24 V 电源,再检查总线电源上有无 24 V 电源,最后更换 I/O 板并进行测试)。

步骤 2:检查总线终端电阻(120 Ω),电阻如有损坏则更换。

步骤 3:检查 I/O 板总线地址是否错误,若错误则重新连接 I/O 总线。

步骤 4:检查系统选项有无 DeviceNet 选项。

步骤 5:检查 I/O 配置文件有无错误,有错误修改后重启。

步骤 6:重置系统,重新配置。

5.4.4　知识扩展

1. 现场总线的定义

现场总线也称现场网络,是指以工厂内的测量和控制器间的数字通信为主的网络,也就是将传感器、各种操作终端和控制器间的通信及控制器之间的通信进行特化的网络。

2. 远程 I/O 模块与现场总线的区别

(1)远程 I/O 模块就是具有通信功能的数据采集/传送模块,自身没有控制调节功能。只是将现场数据送到控制中心(如 PLC),或者接收控制中心的数据,对现场设备进行控制。

(2)PROFIBUS 现场总线技术是一种用于工厂自动化车间级监控和现场设备层数据通信与控制的技术。它可实现现场设备层到车间级监控的分散式数字控制和现场通信,从而为实现工厂综合自动化和现场设备智能化提供可行的解决方案。

也就是说,远程 I/O 模块通过一条通信线与同样连接在现场总线上的 PLC 等控制器连接。例如,操作台、操作台按钮、指示灯以往都是采用控制电缆与 PLC 连接。如果采用了远程 I/O 模块,就可以使用一条通信线通过现场总线与 PLC 连接,节省了布线,也节省了 PLC 自身的I/O点数。

5.4.5　任务小结

本任务加深了学生对工业机器人配置系统参数的理解,配置时一定要看清楚 I/O 板的类型、总线地址。如果名称有更改,则要注意重名与系统保留字符不能使用。配置完成后修改信号名称,会影响已编写好的程序,引起报警,因此应一起修改程序。

◀ 5.5　工业机器人控制柜网络回路诊断 ▶

5.5.1　任务目标与要求

随着时间的推移、人类的进步,设备也在不断地改进。目前工业机器人控制柜中各模块间的通信基本上是网络通信。当网络通信出现故障时,维修技术人员应能够快速识别问题原因并动手排除故障。通过对本任务的学习,学生应能快速对工业机器人控制柜网络回路进行诊断,并迅速排除工业机器人控制柜网络回路故障。

5.5.2　任务相关知识

图 5-7 是 ABB 工业机器人控制柜。从早期的 S1 到后来的 IRC5,控制柜的外观在不断发生变化,内部结构在不断地优化。IRC5 标准型控制柜中各模块之间的连接可实现网络通信。

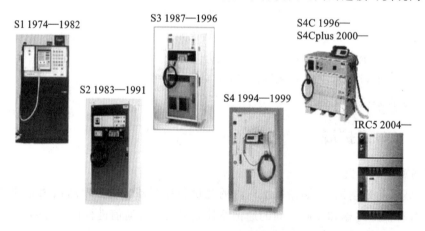

图 5-7　ABB 工业机器人控制柜

网络用物理链路将各个孤立的工作站或主机相连在一起,组成数据链路,从而达到资源共享和通信的目的。通信是指人与人之间通过某种媒体进行的信息交流与传递。网络通信是指通过网络将各个孤立的设备进行连接,通过信息交换实现人与人、人与计算机、计算机与计算机之间的通信。

网络通信中最重要的就是网络协议。现在网络协议有很多,局域网中最常用的网络协议有三个:NetBEUI 协议、IPX/SPX 协议和 TCP/IP 协议。应根据需要来选择合适的网络协议。

通俗地说,网络协议就是网络之间沟通、交流的桥梁,只有采用相同网络协议的计算机才能进行信息的沟通与交流。这就好比人与人之间交流所使用的各种语言一样,只有使用相同语言才能正常、顺利地进行交流。从专业角度定义,网络协议是指计算机在网络中实现通信时必须遵守的约定,也就是通信协议。一般主要对信息传输的速率、传输代码、代码结构、传输控制步骤、出错控制等做出规定并制定出标准。

ABB 工业机器人控制柜中的网络通信图如图 5-8 所示。

ABB 工业机器人控制柜各模块间的网络连接去向与线色如表 5-17 所示。

图 5-8　ABB 工业机器人控制柜中的网络通信图

表 5-17　ABB 工业机器人各模块间的网络连接去向与线色

名称	单元	接口	线色	名称	单元	接口	线色
接触器板	A43	X4	白橙,橙,白绿,蓝,白蓝,绿,白棕,棕	轴计算机板	A42	X6	白橙,橙,白绿,蓝,白蓝,绿,白棕,棕
伺服驱动器	A41	X8	白橙,橙,白绿,蓝,白蓝,绿,白棕,棕	轴计算机板	A42	X11	白橙,橙,白绿,蓝,白蓝,绿,白棕,棕
主计算机	A31	X9	白橙,橙,白绿,蓝,白蓝,绿,白棕,棕	轴计算机板	A42	X2	白橙,橙,白绿,蓝,白蓝,绿,白棕,棕
主计算机	A31	X7	白绿,绿,白橙,蓝,白蓝,橙,白棕,棕	安全面板	A31	X7	白橙,橙,白绿,蓝,白蓝,绿,白棕,棕
主计算机	A31	X2	白橙,橙,白绿,蓝,白蓝,绿,白棕,棕	控制面板	ServicePC	X23	白橙,橙,白绿,蓝,白蓝,绿,白棕,棕
主计算机	A31	X3	绿,白绿,橙,空,空,白橙,空,空	控制面板	FlexPendant	XS4	

用于网络通信的水晶接头及其结构分别如图5-9和图5-10所示。

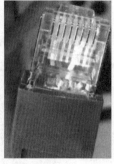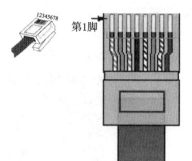

图5-9　水晶接头　　　　　　　　图5-10　水晶接头结构(RJ-45)

下面以一个实例来讲解工业机器人控制柜网络回路故障的诊断与排除。

现有一台工业机器人出现报警,报警代码如图5-11所示。

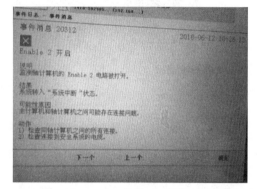

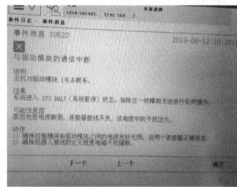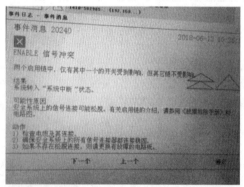

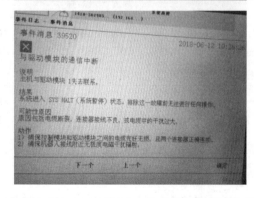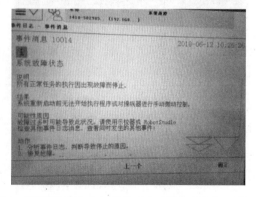

图5-11　ABB工业机器人报警代码

从图 5-11 中可以看出,工业机器人已经出现系统故障了,打开事件日志,对同一时间段出现的日志进行查询,经过仔细阅读发现,主计算机和其他模块间的通信出现故障,导致工业机器人出现系统故障,这时需要对工业机器人控制柜中的各模块进行故障排除。

由于主计算机是控制柜的大脑,首先从主计算机开始排查,结果发现主计算机上有一根网线的状态指示灯不亮(A31.X9),如图 5-12(a)所示。

 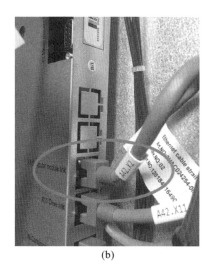

(a)　　　　　　　　　　　　　　　　(b)

图 5-12　ABB 工业机器人网络连接图(一)

根据这条网线顺着向下查找,这根网线连着轴计算机板(A42 X2)上,轴计算机板上的通信灯没有闪烁,如图 5-12(b)所示。

根据经验,可以判断是网络通信故障,这时可以从以下几个方面进行考虑:①网线的水晶接头有接触故障;②网线中间有线路断开;③主机算机 X9 通信网口有故障;④轴计算机 X2 通信网口有故障。故障排除应从易到难,先从网线的故障进行排除,这时可以进行表 5-18 中的操作。

表 5-18　ABB 工业机器人网线故障检查步骤

步骤	操作
1	保持工业机器人系统处于启动状态,将不亮的状态指示灯对应端口两端的网线重新插紧,观察故障是否排除
2	如果故障依然存在,怀疑网线水晶接头接线处有接线断路故障,需要重新制作水晶接头
3	将重新制作了水晶接头的网线插好,如果故障依然存在,怀疑网线损坏,需要更换网线,换网线并重新制作水晶接头,重新插紧网线,观察故障是否排除
4	检查两端通信网口是否损坏,如果损坏,找专业人员进行维修。如果还有故障,考虑硬件问题并进行排除

网线水晶接头制作流程如表 5-19 所示。

表 5-19　网线水晶接头制作流程

步骤	操作	图示
1	剥线:将网线插入网线钳的剥线刀口,稍微用力握紧网线钳慢慢旋转,切开网线的外护套。 注意:①在剥网线的外护套时,握紧网线钳的力度要适中,以免剪到网线的线芯。 ②剥开网线的长度要控制在 2 cm 左右,不宜过长或过短	
2	排线序:先将剥开的网线的双绞结构逐一解开,然后按照从左至右,即白橙、橙、白绿、蓝、白蓝、绿、白棕、棕排线序	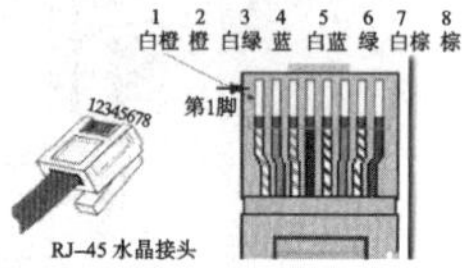
3	剪平齐:固定好线的顺序,用网线钳的剪刀口将线的前端剪齐,以便于 8 根线同时抵入水晶接头的顶端	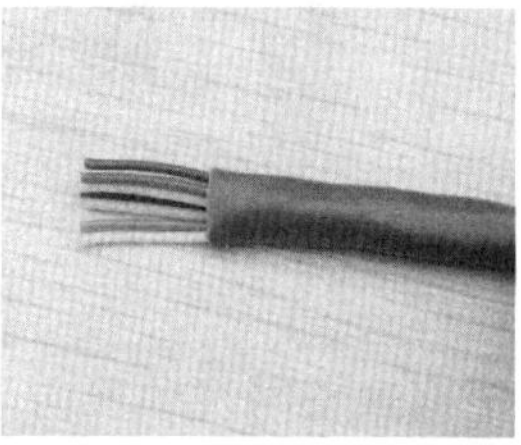
4	插网线:将水晶接头带铜片一面朝上、带弹片的一面朝下,将整理好的网线插入水晶接头。 注意:①检查线序是否有变动。 ②检查网线是否抵入水晶接头顶端	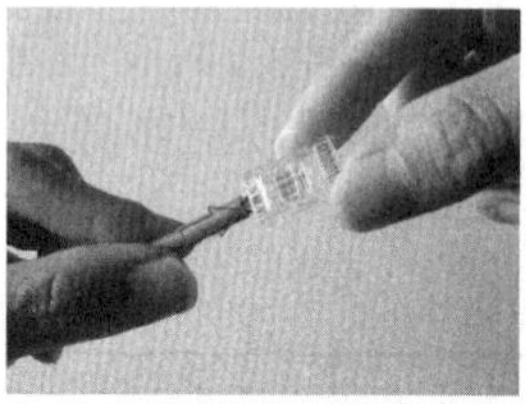
5	压线:将做好的水晶接头插入网线钳的 8 槽插口,用力握紧网线钳下压,听到"啪"的一声,证明水晶接头已压好。 注意:在压线过程中要用手固定好网线,以免网线脱落	
6	检测:将做好的水晶接头插入测线仪的测试端口;打开测线仪,如果 8 个状态指示灯依次对应被点亮,则证明水晶接头制作合格,可以正常使用	

更换网线后通信一切正常(更换网线后网口黄色状态指示灯闪烁,说明通信正常,这时重启工业机器人控制柜),如图 5-13 所示。

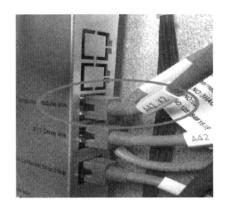

图 5-13　ABB 工业机器人网络连接图(二)

5.5.3　任务实施

网线水晶接头制作流程如下。

步骤 1:准备好网线、水晶接头和网线钳。

步骤 2:剥线,将网线插入网线钳的剥线刀口,稍微用力握紧网线钳慢慢旋转,切开网线的外护套(不要伤到线了,剥开网线的长度要控制在 2 cm 左右)。

步骤 3:排线序,先将剥开的网线的双绞结构逐一解开,然后按照从左至右,即白橙、橙、白绿、蓝、白蓝、绿、白棕、棕排线序。

步骤 4:剪平齐,固定好线的顺序,用网线钳的剪刀口将线的前端剪齐,以便于 8 根线同时抵入水晶接头的顶端。

步骤 5:插网线,将水晶接头带铜片一面朝上、带弹片的一面朝下,将整理好的网线插入水晶接头(注意顺序不要错乱,一定要抵入水晶接头的顶端)。

步骤 6:压线,将做好的水晶接头插入网线钳的 8 槽插口,用力握紧网线钳下压,听到"啪"的一声,证明水晶接头已压好。

步骤 7:检测,将做好的水晶接头插入测线仪的测试端口;打开测线仪,如果 8 个状态指示灯依次对应被点亮,则证明水晶接头制作合格,可以正常使用。

5.5.4　知识扩展

什么是网络回路? 网络中存在环,就形成了网络回路。例如两台交换机相连,应该使用一条线相连,达到级联的效果。如果使用两条线连接,就构成了回路,在回路产生的时候需要对交换机配置生成树协议,否则信息会无终止地传输,引起广播风暴,使整个网络瘫痪。例如,刚有新机器加入网络时,从新机器本身接入交换机产生一个 mac 地址表和端口对照表,然后该交换机将该表传到相邻交换机,该表又从另一个端口传回来,从而增加一个 mac 地址表,这样无限制地传输会引起网络带宽用尽,从而导致网络瘫痪。路由也是同样道理,只不过路由使用了更高级的协议,避免了网络回路的产生。为了达到线路冗余,在一条线路坏掉后,应能够使用另一条备份线路,所以备份线路有必要存在。通过配置协议可使线路在物理上是回路,而在逻辑上不是,一条线路坏掉后,通过逻辑运算,启用另一条线路。

5.5.5 任务小结

随着智能制造水平的提高,不论是生活、工作还是设备都离不开网络,网络通信的普及伴随着网络故障的发生,学会简单的网络故障处理对生活、工作能提高一定的效率。

◀ 5.6 工业机器人气动系统故障处理 ▶

5.6.1 任务目标与要求

气动系统以压缩气体为工作介质,通过各种元件组成不同功能的基本回路,由若干基本回路有机地组合成整体,进行动力或信号的传递与控制。本任务以数控机床气动门不工作为例展开内容,通过对本任务的学习,学生应能够分析工业机器人气动系统故障原因并动手进行故障排除。

5.6.2 任务相关知识

气动系统设计的关键在于:从完善气源系统入手,择优选取和合理使用气动元件,综合运用气动系统流体力学和气动系统动力学,对气动系统回路进行优化设计,使终端气体压力按照预定规律变化。气动元件是指通过气体的压强或膨胀产生的力来做功的元件,即将压缩空气的弹性能量转换为动能的机件,如气缸、气动马达、蒸汽机等。气动元件亦为能量转换装置,利用气体压力来传递能量。

1. 气动系统的基本组成

气动回路主要用于驱动用于各种不同目的的机械装置,它最重要的三个控制内容是力的大小、力的方向和运动速度。与生产装置相连接的各种类型的气缸,靠压力控制阀、方向控制阀和流量控制阀分别实现对力的大小、力的方向和运动速度的控制,即:压力控制阀——控制气动系统输出力的大小;方向控制阀——控制气缸的运动方向;速度控制阀——控制气缸的运动速度。

一个气动系统通常包括:①气源设备,包括空压机、气罐;②气源处理元件,包括后冷却器、过滤器、干燥器和排水器;③压力控制阀,包括增压阀、减压阀、安全阀、顺序阀、压力比例阀、真空发生器;④润滑元件,包括油雾器、集中润滑元件;⑤方向控制阀,包括电磁换向阀、气控换向阀、人控换向阀、机控换向阀、单向阀、梭阀;⑥各类传感器,包括磁性开关、限位开关、压力开关、气动传感器;⑦流量控制阀,包括速度控制阀、缓冲阀、快速排气阀;⑧执行元件,包括摆动气缸、气动马达、气爪、真空吸盘;⑨其他辅助元件,包括消声器、接头与气管、液压缓冲器、气液转换器。

2. 典型气动系统的组成

一个典型的气动系统由以下部分组成:①空气压缩机(简称空压机),用作气动系统的动力源;②后冷却器,用于降低空压机产生的压缩空气温度;③气罐,用于稳压、储能;④主路过滤器,用于过滤压缩空气中的杂质;⑤干燥机,用于除去压缩空气中的水;⑥三联件,用于进一步过滤除杂,进行使用端压力调节,给油润滑(无油润滑系统中不使用);⑦控制阀,用于对压缩空气进行方向控制;⑧调速阀,用于对压缩空气进行速度控制;⑨执行元件,用于将压力转换为机械动作。

典型气动系统组成图如图 5-14 所示。

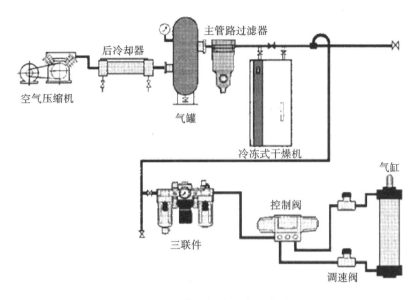

图 5-14 典型气动系统组成图

3. 气动系统故障维护

1) 气缸的常见故障与排除方法

(1) 气缸故障分析。

①气源处理不符合要求。由于气源干燥得不够或气缸在高温、潮湿条件下工作,气源内的水分集存于气缸工作腔内,导致活塞或活塞杆工作表面锈蚀,加大了缸筒和活塞密封圈、活塞杆和组合密封圈之间的摩擦力,进而导致爬行现象、气缸工作腔内有锈水。另外,气源中的杂质也会引起气缸出现爬行现象。防范的办法是:加强气源的过滤和干燥,定期排放分水滤气器和油水分离器中的污水,定期检查分水滤气器是否正常工作。

②装配不符合要求。气缸的装配不符合要求,会导致气缸出现爬行现象。主要原因如下:气缸端盖密封圈压得太死或活塞密封圈的预紧力过大;活塞或活塞杆在装配中出现偏心。防范的办法是:适当减小密封圈的预紧力,或重新安装活塞和活塞杆,使活塞和活塞杆不受偏心载荷的作用。

③关键的工作表面加工精度不符合要求。对于气缸来说,缸筒内径的加工精度要求是比较高的,表面粗糙度根据活塞所使用的密封圈的形式而异。用 O 形橡胶密封圈时缸筒内径的加工精度为 3 级,表面粗糙度 Ra 为 0.4 μm;用 Y 形橡胶密封圈时缸筒内径的加工精度为 4~5 级,表面粗糙度 Ra 为 0.4 μm。缸筒圆柱度、圆度误差不能超过尺寸公差的一半,端面与内径的垂直度误差应不大于尺寸公差的 2/3。有些气缸,缸筒内壁的表面粗糙度远不能满足要求,从而使活塞上的孔用密封圈与缸筒之间的摩擦系数加大,导致气缸启动压力升高,出现爬行现象。活塞上的密封圈磨损加剧,容易导致气缸内泄现象,使气缸不能满足工作要求。防范的办法是:提高缸筒和活塞杆工作表面的加工精度。

④润滑不良和设计时未充分考虑相应的使用条件。气缸的相对滑动面的润滑效果直接影响气缸的正常工作。在装配时,所有气动元件的相对运动工作表面都应涂润滑油。在气动系统运行过程中,油雾器应保持正常的工作状态。油雾器出现故障,会使相对运动工作表面之间的

摩擦加剧,导致气缸的输出力不足、动作不平稳并出现爬行现象。另外,在设计时应充分考虑气缸的工作环境,防止冷却水喷射到气缸上导致锈蚀。出现润滑不良故障时,应调整活塞杆的中心,检查油雾器的工作是否可靠、供气管路是否被堵塞。当气缸内存有冷凝水和杂质时,应及时清除。

⑤缓冲故障。气缸的缓冲效果不良,一般是由缓冲密封圈磨损或调节螺钉损坏所致。此时,应更换缓冲密封圈或调节螺钉。气缸的活塞杆和缸盖损坏,一般是由活塞杆安装偏心或缓冲机构不起作用而造成的。对此,应调整活塞杆的中心位置,更换缓冲密封圈或调节螺钉。

⑥泄漏。气缸出现内、外泄漏,一般是由活塞杆安装偏心、润滑油供应不足、密封圈和密封环磨损或损坏、气缸内有杂质及活塞杆有伤痕等造成的。所以,当气缸出现内、外泄漏时,应重新调整活塞杆的中心,以保证活塞杆与缸筒的同轴度;应检查油雾器工作是否可靠,以保证执行元件润滑良好。另外,当密封圈和密封环出现磨损或损坏时,应及时更换密封圈和密封环。若气缸内存在杂质,应及时清除。当活塞杆上有伤痕时,应更换活塞杆。

(2)气缸的故障原因与对策。

气缸常见故障及其排除方法如表 5-20 所示,摆动气缸常见故障及其排除方法如表 5-21 所示。

表 5-20 气缸常见故障及其排除方法

故障	原因	排除方法
外泄漏:(1)活塞杆与密封衬套间漏气;(2)气缸体与端盖间漏气;(3)从缓冲装置的调节螺钉处漏气	衬套密封圈磨损	更换衬套密封圈
	活塞杆偏心	重新安装活塞杆,使活塞杆不受偏心负荷的作用
	活塞杆有伤痕	更换活塞杆
	活塞杆与密封衬套的配合面内有杂质	除去活塞杆与密封衬套配合面间的杂质,安装防尘盖
	密封圈损坏	更换密封圈
内泄漏:活塞两端窜气	活塞密封圈损坏	更换活塞密封圈
	润滑不良	重新安装活塞杆
	活塞被卡住	使活塞杆不受偏心负荷的作用
	活塞配合面有缺陷,杂质挤入密封圈	缺陷严重者更换零件,除去杂质
输出力不足,动作不平稳	润滑不良	调节或更换油雾器,检查安装情况
	活塞或活塞杆卡住	消除偏心,视缺陷大小确定排除故障的办法
	气缸体内表面有锈蚀或缺陷	加强对空气过滤器和除油器的管理
	进入了冷凝水、杂质	定期排放污水
缓冲效果不好	缓冲部分密封圈密封性能差	更换缓冲密封圈
	调节螺钉损坏	更换调节螺钉
	气缸运动速度太快	研究缓冲机构的结构是否合适

故障	原因	排除方法
损伤： (1)活塞杆折断； (2)端盖损坏	有偏心负荷,气缸安装轴销的摆动面与负荷摆动面不一致	调整安装位置,消除偏心,使销轴摆角一致
	摆动轴销的摆动角度大,负荷很大,摆动速度又快,有冲击装置的冲击加到活塞杆上	确定合理的摆动速度
	活塞杆承受负荷的冲击	冲击不得加在活塞杆上,设置缓冲装置
	气缸的速度太快,缓冲机构不起作用	在外部或回路中设置缓冲机构

表 5-21 摆动气缸常见故障及其排除方法

故障	原因	排除方法
摆动速度慢	速度控制阀关闭	调整单向节流阀
	阀、配管的气体流量不足	换成大尺寸元件
	负载过大	换输出力大的元件
动作不圆滑	摆动速度过慢	使用气液转换器或气液摆动气缸,用液阻调速
	密封件泄漏	更换密封件
	负载大小在摆动过程中有变化(如受重力影响等)	使用气液转换器或气液摆动气缸
输出轴部分有空气泄漏	输出轴密封件磨损(叶片式)	更换输出轴密封件
	活塞密封件磨损(齿轮齿条式)	更换活塞密封件

2) 气缸维修的要点

(1) 活塞。

由于气缸活塞受气压作用产生推力并在缸筒内滑动,因此要求活塞具有良好的润滑特性,同时活塞与缸筒之间有良好的密封性。由于活塞与缸筒之间的密封是通过 Yx 形密封圈(见图5-15)实现的,因此 Yx 形密封圈为易损件。

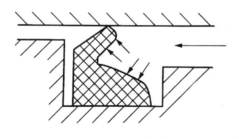

图 5-15 Yx 形密封圈

Yx 形密封圈端面有两个不等脚长度的唇边。Yx 形密封圈安装在活塞的沟槽中,当右侧受气压作用时,Yx 形密封圈唇部在气压的作用下张开,并紧贴在缸筒壁上起密封作用。气缸拆卸后注意观察,若发现 Yx 形密封圈唇部已磨平,则应将 Yx 形密封圈从活塞上取下,换上新件,涂抹润滑油。缓冲柱塞与缸盖接触频繁,也应涂润滑油。

(2)缸盖。

气缸工作时,活塞会撞击缸盖,缸盖上的缓冲密封圈为易损件,缓冲密封圈受损严重,在气缸运动至行程终端前,缓冲柱塞与缓冲密封圈得不到良好的密封,从而失去缓冲作用。长时期使用气缸,一般要更换缓冲密封圈,同时涂抹润滑油。

缸盖缓冲部位是个易被遗忘的"角落"。注意:拧下缓冲节流阀,要用细铁丝小心地清理缓冲排气孔(不要损坏缓冲节流阀螺纹);否则,缓冲排气孔被堵,有可能导致活塞杆不能到位。

(3)缸筒。

气缸安装时,缸筒内壁要涂润滑油。装活塞杆后,用手推拉几下,检查是否有卡涩与阻力过大的现象,保证缸筒与活塞之间的润滑与密封质量。

3)气缸的日常检查维护

使用中应定期检查气缸各部位有无异常现象,发现问题及时处理。

(1)检查各连接部位有无松动等,对轴销式安装的气缸等活动部位应定期加润滑油。

(2)气缸正常工作条件:工作压力为 0.4~0.6 MPa,普通气缸运动速度范围为 50~500 mm/s,环境温度为 5~60 ℃。在低温下,需采取防冻措施,防止系统中的水分冻结。

(3)气缸检修好后重新装配时,零件必须清洗干净,不得将脏物带入气缸内。另外,应防止密封圈被剪切、损坏,并注意密封圈的安装方向。

(4)气缸拆下的零部件长时间不使用时,所有加工表面应涂防锈油,进、排气口应加防尘塞。

(5)制订气缸的月、季、年的维护保养制度。

(6)气缸拆解后,首先应对缸筒、活塞、活塞杆及缸盖进行清洗,除去表面的锈迹、污物和灰尘颗粒。

(7)选用的润滑油不能含固体添加剂。

(8)密封材料根据工作条件而定,最好选用聚四氟乙烯(塑料王),该材料摩擦系数小(约为 0.04),耐腐蚀、耐磨,能在 -80~+200 ℃ 温度范围内工作。

(9)安装 Yx 形密封圈时要注意安装方向。

5.6.3 任务实施

数控机床气动门无法正常关闭故障排除流程如下。

1. 检查气缸

(1)检查气缸的进、排气口是否有异物。

(2)检查气动门运动处是否存在干涉。

(3)检查是否有机械装置被卡死。

(4)检查气缸是否卡死。

2. 检查气源部分

(1)确认主气泵电源已打开。

(2)确认主气路的气压大小符合工作要求。

(3)确认各支路的气压大小符合工作要求。

(4)确认电磁阀上级气源的压力大小符合工作要求。

(5)检查电磁阀出气口是否有气压(这个动作比较危险,应先关闭总气源,再进行检查)。

（6）强制手动电磁阀,观察气缸是否能动作。

3. 检查电源部分

（1）检查电磁阀工作指示灯是否正常。

（2）检查电磁阀线圈处电压是否正常。

（3）检查电磁阀线圈规格是否符合工作要求。

（4）检查电磁阀线圈上级电源的电压是否符合工作要求。

（5）检查控制信号开关是否打开。

（6）检查控制信号输出端电源的电压是否符合工作要求。

5.6.4 知识扩展

气压传动是在机械传动、电气传动、液压传动之后,近几十年才被广泛应用的一种传动方式。它以压缩空气为工作介质来进行能量和信号的传递,以实现生产自动化。

气动系统主要由以下几大部分组成:①气源装置,包括获得压缩空气的设备、空气净化设备,如空压机、空气干燥机等;②执行元件,用于将气体的压力能转换成机械能,输出系统能量,如气缸、气动马达等;③控制元件,用以控制压缩空气的压力、流量、流动方向以及系统执行元件的工作程序,如压力阀、流量阀、方向阀和逻辑元件等;④辅助元件,起辅助作用,如过滤器、油雾器、消声器、散热器、冷却器、放大器及管件等。

气动系统按照所选用的控制元件来分类,主要可分为气阀控制系统、逻辑元件控制系统、射流元件控制系统。其中气阀控制系统又分为全气阀控制系统、电子电气控制系统和电磁阀转换系统。

气动系统具有以下优点:①用压缩空气作工作介质,取之不尽,来源方便,用后直接排放,不污染环境,不需要回气管路,因此管路不复杂;②空气黏度小,管路流动能量损耗小,适用于集中供气、远距离输送的场合;③安全可靠,不需要考虑防火防爆问题,能在高温、辐射、潮湿、灰尘等环境中工作;④反应迅速;⑤气压元件结构简单,易加工,使用寿命长,维护方便,管路不容易堵塞,工作介质不存在变质、更换等问题。

气动系统具有以下缺点:①空气的可压缩性大,因此气动系统的动作稳定性差,负载变化时对工作速度的影响大;②气动系统压力低,输出力度和力矩不大;③控制信号传递速度慢于电子漂移速度和光速,不适用于高速复杂传递系统;④排气噪声大。

5.6.5 任务小结

气动系统是工业机器人工作站中相对来说比较简单的一种系统,必须提供干净的气源和设计良好的机构,这样才能保证气缸的正常工作。

◀ 5.7 工业机器人环境检测系统故障处理 ▶

5.7.1 任务目标与要求

通过对工业机器人环境检测系统故障的学习,学生应认识更多的传感器,在传感器发生故障时能够快速进行故障的排除。

5.7.2 任务相关知识

环境检测是指用指定的方法检验测试某种物体(气体、液体、固体)指定的技术性能指标,适用于各种行业范畴的质量评定,如土木建筑工程、水利、食品、化学、环境、机械、机器等。检测在工业机器人系统中非常常见。以下是在工业机器人自动化中常见的检测开关。

1. 磁性接近开关

磁性接近开关(见图5-16)是接近开关中的一种,接近开关是传感器家族中众多种类中的一类,它是以电磁感应为工作原理,用先进的工艺制成的,是一种位置传感器。它能通过传感器与物体之间的位置关系变化,将非电量或电磁量转化为所希望的电信号,从而达到控制或测量的目的。

磁性接近开关能以细小的开关体积达到最大的检测距离。它能检测磁性物体(一般为永久磁铁),然后产生触发开关信号并输出。由于磁场能通过很多非磁性物,所以此触发过程并不一定需要把目标物体直接靠近磁性接近开关的感应面,而是通过磁性导体(如铁)把磁场传送至远距离。例如,信号能够通过高温的地方传送到磁性接近开关,从而产生触发开关信号。

图 5-16 磁性接近开关

2. 压力开关

压力开关(见图5-17)采用高精度、高稳定性能的压力传感器和变送电路,经专用CPU模块化信号处理技术,实现对介质压力信号的检测、显示、报警和控制信号输出。压力开关可以广泛用于石油、化工、冶金、电力、供水等领域中,实现对各种气体、液体的表压、绝压进行测量控制,是工业现场理想的智能化测控元件。

当系统内压力高于或低于额定的安全压力时,感应器内碟片瞬时发生移动,通过连接导杆推动压力开关接通或断开,当压力降至或升至额定的安全压力时,碟片瞬时复位,压力开关自动复位,或者简单来说,就是当被测压力超过或低于额定值时,弹性元件的自由端产生位移,直接或经过比较后推动压力开关,改变压力开关的通断状态,达到控制被测压力的目的。压力开关采用的弹性元件有单圈弹簧管、膜片、膜盒及波纹管等。

3. 接近开关

接近开关(见图5-18)又称为无触点行程开关,它除了可以实现行程控制和限位保护外,还是一种非接触型的检测装置。接近开关不仅在航空、航天技术以及工业生产中恶劣的环境(用于自动控制、测量)中广为应用,在日常生活中也随处可见。在各类开关中,能够对接近它的物件有"感知"能力的元件称为位移传感器,而利用位移传感器对接近物体的敏感特性达到控制开

图 5-17　压力开关

关通/断目的开关为接近开关。接近开关是一种集成化的开关,是理想的电子开关量传感器。它具有体积小、频率响应快、电压范围宽、抗干扰能力强、重复定位精度高、操作频率高、工作可靠、寿命长、功耗低、耐腐蚀、耐振动、能适应恶劣的工作环境、使用过程中无摩擦、不会增加各被感应元件的力矩等优点。

　　在一般的工业生产场所,通常都选用涡流式接近开关和电容式接近开关。因为这两种接近开关对环境的要求较低。若所测对象是粉状物、塑料、烟草等,则应选用电容式接近开关。电容式接近开关的响应频率低,但稳定性好。安装接近开关时应考虑环境因素的影响。无论选用哪种接近开关,都应注意对工作电压、负载电流、响应频率、检测距离等各项指标的要求。

图 5-18　接近开关

4．接近开关技术指标检测

　　(1) 动作距离的测定:当动作片由正面靠近接近开关的感应面时,使接近开关动作的距离为接近开关的最大动作距离,测得的数据应在产品的参数范围内。

　　(2) 释放距离的测定:当动作片由正面离开接近开关的感应面,接近开关由动作转为释放时,测定动作片离开感应面的最大距离。

　　(3) 回差 H 的测定:回差是指最大动作距离和释放距离之差的绝对值。

　　(4) 动作频率的测定:用调速电动机带动胶木圆盘,在胶木圆盘上固定若干钢片,调整接近开关感应面与动作片间的距离(约为接近开关动作距离的 80% 左右),转动胶木圆盘,依次使动作片靠近接近开关,在胶木圆盘主轴上装有测速装置,开关输出信号经整形后,传至数字频率计。此时启动电动机,逐步提高转速,在转速和动作片个数的乘积与频率计数相等的条件下,可由数字频率计直接读出接近开关的动作频率。

(5) 重复定位精度的测定:将动作片固定在量具上,由接近开关动作距离的 120% 以外,从接近开关感应面正面靠近接近开关的动作区,运动速度控制在 0.1 mm/s 上。当接近开关动作时,读出量具上的读数,然后使动作片退出动作区,使接近开关断开。如此重复 10 次,最后计算 10 次测量值的最大值和最小值及 10 次测量平均值之差,差值大者为重复定位精度误差。

5. 检测开关维护方法

1) 气缸检测开关(磁性接近开关)使用注意事项

(1) 安装时,不得让磁性接近开关受过大的冲击力,敲打、抛扔磁性接近开关会损坏磁性接近开关。

(2) 不能让磁性接近开关处于水或冷却液中使用。

(3) 绝对不要将磁性接近开关用于有爆炸性、可燃性气体的环境中。

(4) 周围有强磁场、大电流(如电焊机等)的环境中应选用耐强磁场的磁性接近开关。

(5) 不要把连接导线和动力线(如电动机等)、高压线并在一起。

(6) 磁性接近开关周围不要有切屑、焊渣等存在,若切屑、焊渣等堆积在磁性接近开关上,会使磁性接近开关的磁力减弱,甚至失效。

(7) 在温度循环变化较大的环境中不得使用磁性接近开关。

(8) 磁性接近开关的配线不能直接接到电源上,必须串接负载。

(9) 负载电压和最大负载电流都不要超过磁性接近开关的最大允许值,否则磁性接近开关的寿命会大大缩短。

(10) 从安全角度考虑,两磁性接近开关的间距应比最大磁滞距离大 3 mm。

(11) 两个以上带磁性接近开关的气缸平行使用时,为防止磁性体移动的相互干扰,影响检测精度,两缸筒间距离一般应大于 40 mm。

(12) 对于直流电,棕线接"+"极,蓝线"-"极,若带状态指示灯,当磁性接近开关吸合时,状态指示灯亮;若接反了,磁性接近开关动作,但状态指示灯不亮。

(13) 带状态指示灯的有接点磁性接近开关,当电流超过最大电流时,发光二极管会损坏;若电流在规定范围以下,则状态指示灯会变暗或不亮。

(14) 因磁性接近开关有个动作范围,故带磁性接近开关的气缸存在一个最小行程,若气缸行程太短,则会出现磁性接近开关不能断开的现象。

(15) 多个磁性接近开关串联使用时,每个发光二极管都有内部压降,故负载电压会降低,可能造成磁性接近开关不动作,所以磁性接近开关串联时一般不多于 4 个;若串联电路中只使用一个带状态指示灯的磁性接近开关,其余的使用不带状态指示灯的磁性接近开关,则可提高负载电压。

(16) 多个磁性接近开关并联使用时,每个磁性接近开关两端的压降和通过的电流都减小,故状态指示灯会变暗或不亮。

2) 定期维护检查内容

(1) 拧紧磁性接近开关的安装小螺钉,防止磁性接近开关松动或位置发生偏移。如果磁性接近开关已经发生偏移,则应重新将它调整到正确的位置,然后紧固小螺钉。

(2) 检查导线有无损坏。导线损坏会造成绝缘不良或导线断路。如果发现导线破损,则应更换磁性接近开关或修复导线。

(3) 电气连接必须由国家认定合格的电工操作。

（4）压力继电器的外壳必须同时良好地接地，如果压力继电器安装在液压块里，液压块体通过液压系统接地是有保证的。若用微型软管安装压力继电器，压力继电器的壳体必须单独接地。

6. 检测开关故障处理的一般思路（磁性接近开关为例）

检测开关故障处理的一般思路（以磁性接近开关为例）如图 5-19 所示。

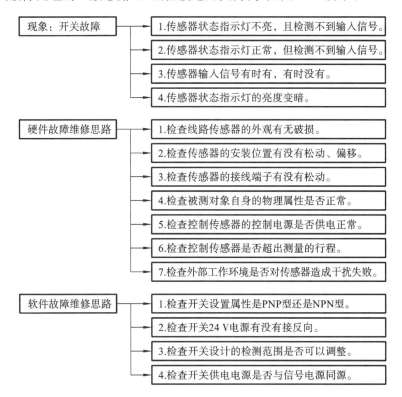

图 5-19 检测开关故障处理的一般思路（以磁性接近开关为例）

5.7.3 任务实施

当工业机器人无法检测到气缸夹具打开的磁感应开关信号时，需排除故障。具体步骤如下。

步骤 1：检查磁性接近开关外观有没有损坏。

步骤 2：检测磁性接近开关 24 V 电源是否正常（若不正常则进行检查）。

步骤 3：检查气缸有没有气、气缸有没有完全打开、气缸有没有机械卡阻，有则对应地进行处理。

步骤 4：气缸完全打开时调整磁性接近开关的位置，看是否有信号输出（分带状态指示灯与不带状态指示灯两种情况，如果信号正常，电源接反，状态指示灯不工作）。

步骤 5：更换磁性接近开关。

5.7.4 知识扩展

1. 传感器概述

传感器（transducer/sensor）是一种检测装置，能感受到被测量的信息，并能将感受到的信息按一定规律变换成电信号或其他所需形式的信息输出,以满足信息的传输、处理、存储、显示、记录和控制等要求。传感器的特点包括微型化、数字化、智能化、多功能化、系统化、网络化。它是实现自动检测和自动控制的首要环节。传感器的存在和发展,让物体有了触觉、味觉和嗅觉等感官,使物体慢慢"活"了起来。通常根据基本感知功能,传感器分为热敏元件、光敏元件、气敏元件、力敏元件、磁敏元件、湿敏元件、声敏元件、射线敏感元件、色敏元件和味敏元件等十大类。

2. 传感器的主要作用

人们为了从外界获取信息,必须借助于感觉器官,而单靠人们自身的感觉器官研究自然现象和规律以及在生产活动中它们的功能远远不够。为适应这种情况,就需要传感器。因此,可以说,传感器是人类五官的延长,又称为电五官。

随着新技术革命的到来,世界开始进入信息时代。在利用信息的过程中,首先要解决的就是获取准确、可靠的信息,而传感器是获取自然和生产领域中信息的主要工具。

在现代工业生产尤其是自动化生产过程中,要用各种传感器来监视和控制生产过程中的各个参数,使设备工作在正常状态或最佳状态,并使产品达到最好的质量。因此,可以说,没有众多优良的传感器,现代化生产也就失去了基础。

在基础学科研究中,传感器更处于突出的地位。现代科学技术随着发展进入了许多新领域。例如,在宏观上要观察上千光年的茫茫宇宙,在微观上要观察小到飞米的粒子世界,在纵向上要观察数十万年的天体演化和瞬间反应。此外,还出现了对深化物质认识、开发新能源和新材料等具有重要作用的各种极端技术研究,如超高温、超低温、超高压、超高真空、超强磁场、超弱磁场等。显然,要获取大量人类感官无法直接获取的信息,没有相适应的传感器是不可能做到的。许多基础科学研究的障碍,首先就在于获取信息存在困难,而一些新机理和高灵敏度的检测传感器的出现,往往会引起该领域内的突破。一些传感器往往是一些边缘学科开发的先驱。

传感器早已渗透到诸如工业生产、宇宙开发、海洋探测、环境保护、资源调查、医学诊断、生物工程,甚至文物保护等领域,应用极其广泛。可以毫不夸张地说,从茫茫的太空到浩瀚的海洋,以至各种复杂的工程系统,几乎每一个现代化项目,都离不开各种各样的传感器。

由此可见,传感器技术在发展经济、推动社会进步方面的重要作用是十分明显的。世界各国都十分重视这一领域的发展。相信在不久的将来,传感器技术将会出现一个飞跃,达到与其重要地位相称的新水平。

3. 传感器的主要功能

常将传感器的功能与人类5大感觉器官相比拟:①光敏传感器—视觉;②声敏传感器—听觉;③气敏传感器—嗅觉;④化学传感器—味觉;⑤压敏、温敏、流体传感器—触觉。

5.7.5 任务小结

环境检测系统主要是把工业机器人的外界信息通过一系列的传感器转换成工业机器人能够识别的信息,这样工业机器人就能够知道外界信息的变化,从而做出相应的处理。

◀ 5.8 工业机器人集成周边电控系统故障处理 ▶

本任务围绕以 PLC 为控制核心的工业机器人集成周边电控系统展开内容。该电控系统用于实现工业机器人系统中对不同作业请求的协调、对系统状态的监控、对系统执行机构的控制等功能。

5.8.1　任务目标与要求

顾名思义,集成周边电控系统就是除了工业机器人以外的设备系统。工作站过于庞大,一旦出现问题就很难排查。通过对本任务的学习,学生要学会简单的集成周边电控系统故障排除方法。

5.8.2　任务相关知识

1. 工业机器人集成周边电控系统的组成

1)电源部分

工业机器人集成周边电控系统中的电源部分包含动力电源和控制电源两个部分,它们分别为执行机构提供能量和为控制部分运行供能。对于电源部分,必须按照电气安装和机械标准采取合适的措施,防止电源中断并提供理想的保护。通常使用断路器(如空气开关,见图 5-20)和熔断器开关来保障电源的功能。

图 5-20　空气开关

2)PLC 部分

工业机器人集成周边电控系统中的 PLC 部分包含 PLC 电源、CPU、数字量模块、模拟量模块和其他功能模块。PLC 部分在工业机器人系统中主要完成逻辑运算、数据处理、数据通信、过程状态监控、工艺流程控制等任务。PLC 部分每个组成部件必须工作在规定的环境中,并保证安装连接可靠、设置正确、供电稳定,以实现既定的功能。

3)预执行机构

预执行机构包含继电器、接触器、信号隔离器等电气元件。它们的功能是对 PLC 部分的输出信号进行转换,在转换的过程中实现增大信号的驱动能力、对信号进行标定和转换等功能。

4)人机交互部分

人机交互部分也称为人机接口,它把操作者和机器连接起来。它的作用是发布指令并监控过程状态,操作者使用按钮、键盘和触摸屏进行控制,并借助状态指示灯、发光指示器以及屏幕查看相关信息。常见的人机交互部件——触摸屏如图 5-21 所示。

5)通信部分

PLC 部分有对应的通信接口,有的 CPU 还集成了多个通信接口。例如 PROFIBUS DP、

PROFIBUS PN、工业以太网等,这些通信网络都是由对应的通信接口和相应的通信接头、通信电缆、中继器、网关等部件组成的硬件平台借助相应通信协议实现的。常用的通信部件——DP接头如图 5-22 所示。

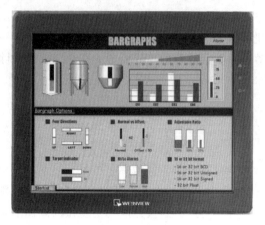

图 5-21　触摸屏

图 5-22　DP 接头

2. 工业机器人集成周边电控系统常见故障及其排查方法

工业机器人集成周边电控系统常见故障及其排查方法如表 5-22 所示。

表 5-22　工业机器人集成周边电控系统常见故障及其排查方法

序号	常见故障现象	排查方法
1	断路器跳闸	排查断路器保护的电路有无短路、过载现象,断路器本体是否损坏、规格是否合理
2	熔断器熔丝熔断	检查熔断器保护的电路是否存在短路、过载现象,熔丝规格是否合理
3	变压器输出电压异常	检查变压器的连接是否正确、变压器规格是否正确、变压器是否完好
4	变压器温度过高	检查变压器安装现场环境是否符合规定、变压器是否超负荷、变压器本体是否损坏
5	开关电源输出电压异常	检查开关电源输出回路的连接是否异常、开关电源规格是否合理、开关电源是否损坏(切除负载,单独测量)
6	开关电源状态指示灯异常	检查开关电源输出回路是否出现短路现象(断开输出,单独测量)
7	PLC 电源指示灯不亮,直流输出无电压	检查 PLC 电源的交流输入,确认其是否完好
8	PLC 电源指示灯颜色异常	检查负载端是否超负荷或短路,断开负载端重新检查
9	CPU 运行指示灯熄灭,停止指示灯亮起	检查 PLC 运行开关是否未打开、PLC 是否出现系统报错
10	CPU 系统报错灯亮起	检查组态与硬件是否相符、软件版本与硬件固件版本是否相符、软件组态从站 PLC 硬件是否可以访问、PLC 有无储存卡或存储卡是否正常、编程是否存在错误等

续表

序号	常见故障现象	排查方法
11	CPU 通信报错灯亮起	检查组态配置通信从站实际硬件中 PLC 是否可以找到、通信网络硬件连接是否存在故障、网络设置故障组态地址和实际地址是否相符等
12	CPU 存储卡异常	检查 CPU 存储卡是否已安装或存储卡本体是否损坏
13	数字量模块状态指示灯显示异常	检查数字量模块是否已安装好、背板总线连接器是否已插紧、组态与硬件是否相符、硬件线路连接是否存在错误等
14	数字量模块输入信号异常	检查硬件线路连接是否存在错误、信号类型对应是否存在错误等
15	数字量模块输出信号异常	检查硬件线路连接是否存在错误、信号类型对应是否存在错误等
16	模拟量模块状态指示灯异常	检查模拟量模块是否已安装好、背板总线连接器是否已插紧、组态与硬件是否相符、硬件线路连接是否存在错误等
17	模拟量模块输入异常	检查硬件线路连接是否存在错误、信号类型对应是否存在错误等
18	通信间歇性报错	检查通信线路连接是否可靠、线路过长有没有中继器增强通信信号、电磁兼容处理是否规范、通信速率是否适宜、通信线屏蔽层接地处理是否合理
19	输出信号无法驱动中间继电器	检查驱动信号和继电器规格是否配套、线路连接是否正确、输出信号是否能正常输出等
20	输出信号无法驱动交流接触器	检查驱动信号和继电器规格是否配套、线路连接是否正确、输出信号是否能正常输出等
21	按压按钮，PLC 没有接收到信号	检查按钮是否损坏、线路连接是否正确、信号类型是否与模块对应
22	PLC 输出信号不能点亮状态指示灯	检查信号灯的规格和 PLC 的输出信号是否配套、线路连接是否正确
23	在触摸屏上操作相关按钮，PLC 对应的信号没变化	检查触摸屏是否完好、触摸屏与 PLC 的通信是否正常、触摸屏组态程序和 PLC 控制程序是否正确等

1）PLC 故障查找流程

PLC 有很强的自诊断能力，对于 PLC 自身的故障和外围设备的故障，都可用 PLC 上具有诊断指示功能的发光二极管的亮灭来诊断。一般不同类型的 PLC 大同小异，且均采用长期不间断的工作制。但是，偶而有的地方也需要对动作进行修改，迅速找到这些地方并进行修改是非常重要的。修改发生在 PLC 以外的动作需要较长的时间。

当出现 PLC 故障时，一般先排查 PLC 的指示灯及机内设备，这样有助于迅速找到故障原因并及时排除故障。编程器是主要的诊断工具，它能方便地插到 PLC 上。在编程器上可以观察 PLC 整个控制系统的状态。

2）基本的查找故障顺序

提出问题，并根据发现的合理动作逐个否定，一步一步地更换各种模块，直到故障全部排除。所有主要的修正动作能通过更换模块来完成。

PLC故障排查除了一把螺丝刀和一个万用表外，并不需要特殊的工具，不需要示波器、高级精密电压表或特殊的测试程序。

这里列举了五种PLC故障查找方法的流程图，并给出了常规输入、输出单元故障处理对策。

（1）总体检查。

根据总体检查流程图找出故障点的大方向，逐渐细化，以找出具体故障。PLC总体检查流程图如图5-23所示。

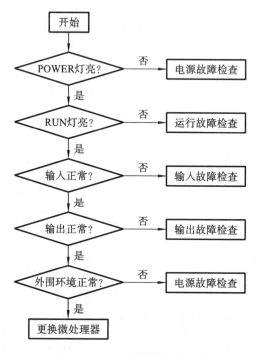

图 5-23　PLC 总体检查流程图

（2）电源故障检查。

电源指示灯不亮，需对供电系统进行检查，检查流程图如图5-24所示。

（3）运行故障检查。

电源正常，运行指示灯不亮，说明PLC系统已因某种异常而终止了正常运行，检查流程图如图5-25所示。

（4）输入/输出故障检查。

输入/输出通道是PLC与外部设备进行信息交流的通道，输入/输出通道是否正常工作除了和输入/输出单元有关外，还与连接线、接线端子等的状态有关。输入故障检查流程图如图5-26所示，输出故障检查流程图如图5-27所示。

（5）外部环境检查。

影响PLC工作的环境因素主要有温度、湿度、噪声、粉尘，以及腐蚀性酸碱等。

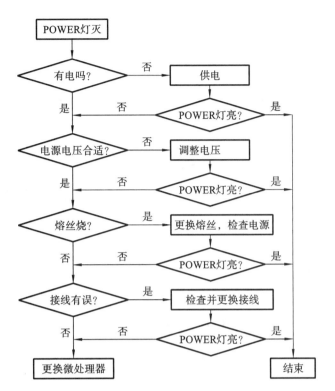

图 5-24 电源故障检查流程图

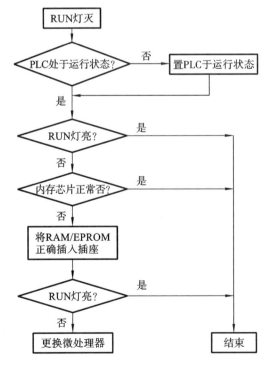

图 5-25 运行故障检查流程图

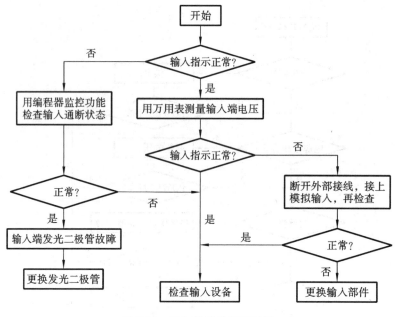

图 5-26 输入故障检查流程图

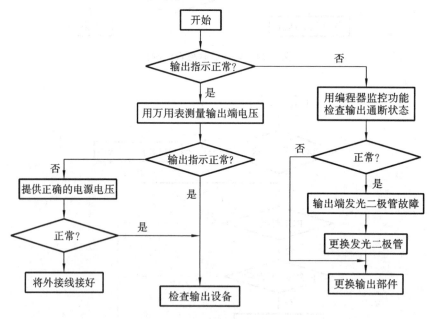

图 5-27 输出故障检查流程图

5.8.3 任务实施

通过触摸屏点动气缸,气缸不动作(气缸是通过西门子 S7-300 PLC DP 总线上 ET200M 从站上的数字量输出模块控制相应的电磁阀驱动的,系统结构如图 5-28 所示),故障排查流程如下。

1. 步骤 1:检查气缸的机械部分

通过触摸屏点动气缸,发现气缸不动作时,先检查是否存在气缸机械结构卡阻的情况。如

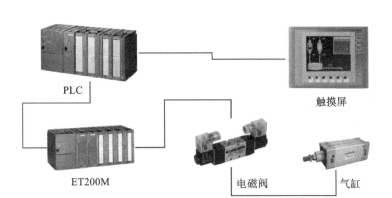

图 5-28 执行气缸电气连接图

果是机械卡阻阻碍了气缸运动,则先关闭该气缸的气源,停止复位点动操作,确保气缸无动力,不会伤及操作人员,再对机械卡阻部分进行处理,然后重新进行点动测试。如果不是机械卡阻导致的气缸不动作,则按下述步骤继续排查。

2. 步骤 2:检查气缸气路部分

首先检查气缸的气源是否正常。在确认气源正常后,可以拆除电磁阀线圈,利用电磁阀的点动功能对气缸动作进行测试,以此来检查气路是否正确完好。如果气路及气源异常,则改正后继续点动测试。如果气源及气路正常,则按以下步骤继续排查。

3. 步骤 3:检查电磁阀部分

本环节主要检查电磁阀线圈的控制信号是否正确,同时控制信号是否能够驱动电磁阀动作。通过用万用表检测、根据电磁阀线圈指示灯诊断等方法测试电磁阀线圈的控制信号是否正常且正确。如果电磁阀线圈的信号正确且正常,则更换电磁阀,重新点动测试气缸;如果电磁阀线圈的控制信号不正常,则继续按照以下步骤排查。

4. 步骤 4:检查 ET200M 数字量输出信号部分

对照图纸看看相应的驱动电磁阀的数字量输出通道的状态指示灯及相关端子的电信号。如果相关通道状态指示灯和对应电信号按照驱动原理输出正确,则查看连接模块与电磁阀的线路,排除线路连接故障后重新点动测试气缸。若状态指示灯输出正常、相应通道输出电信号异常,则查看对应模块的电源电路连接是否正常。确认模块电源连接正常,故障依旧,则更换数字量模块即可。若相关数字量输出通道的状态指示灯和端子电信号均不正常,则按照以下步骤继续排查。

5. 步骤 5:检查 ET200M 通信模块

查看 ET200M 模块上的状态指示灯,如果 SF 灯亮起,检查 ET200M 模块连接是否可靠、背板总线是否插紧、模块固定是否良好、模块安装顺序及订货号与程序组态是否一致等,从而排除系统报错。如果 BF 通信故障指示灯亮起,则需要确认 DP 插头是否插好、DP 电缆和 DP 插头的连接是否正确可靠、通信电缆屏蔽层接地处理是否合理、系统电磁兼容是否规范、通信距离是否过长、通信节点是否超限需要增加中继器等。通过对上述项目的确认和排查,排除通信故障。如果 ET200M 模块的状态指示灯显示正常,则按以下步骤继续排查。

6. 步骤 6:检查触摸屏与 PLC 通信

通过查看触摸屏相关数据显示、状态指示灯显示、按钮显示的状态可以判断出触摸屏和 PLC 的通信是否中断。如果二者之间的通信中断,通过查看 DP 接头、通信线连接等(参考步骤 5)进行排查。通信故障排除后,重新点动测试气缸。如果无通信故障,则按以下步骤继续排查。

7. 步骤 7：检查 PLC 中触摸屏触发变量的状态

通过监控 PLC 中与触摸屏上点动按钮对应的变量的状态来排查故障。该变量的状态随触摸屏上对应按钮的点击而变化，说明正常。若触摸屏按钮无法改变该变量的状态且触摸屏和 PLC 之间的通信是正常的，则按以下步骤进行排查。

8. 步骤 8：检查触摸屏组态程序

检查在触摸屏组态程序中，点动气缸的按钮映射的 PLC 地址和 PLC 点动气缸使用过的地址是否是一致的，同时检查按钮的触发动作是否与 PLC 程序中要求的一样。如果动作设计与 PLC 程序要求一样并且地址对应一致，则按以下步骤进行排查。

9. 步骤 9：检查 PLC 程序

检查 PLC 程序中对点动气缸的逻辑控制、变量地址对应是否正确，若不正确，则进行修改，确认正确后，再进行气缸点动测试。

5.8.4　知识扩展

1. 系统集成概述

所谓系统集成(SI,system integration)，就是指通过结构化的综合布线系统和计算机网络技术，将各个分离的设备、功能和信息等集成到相互关联的、统一和协调的系统之中，使资源达到充分共享，实现集中、高效、便利的管理。系统集成应采用功能集成、BSV 液晶拼接集成、综合布线、网络集成、软件界面集成等多种集成技术。实现系统集成的关键在于解决系统之间的互连和互操作问题。集成系统是一个多厂商、多协议和面向各种应用的体系结构。系统集成需要解决各类设备和子系统间的接口、协议、系统平台、应用软件等与了系统、建筑环境、施工配合、组织管理和人员配备相关的一切面向集成的问题。

2. 系统集成的特点

（1）系统集成要以满足用户的需求为根本出发点。

（2）系统集成不是选择最好的产品，而是选择最适合用户、适应投资规模的产品和技术。

（3）系统集成不是简单的设备供货，它更多地体现出设计、调试与开发的技术和能力。

（4）系统集成涉及技术、管理和商务等方面，是一项综合性的系统工程。技术是系统集成工作的核心，管理和商务活动是系统集成项目成功实施的可靠保障。

（5）性价比是评价一个系统集成项目设计是否合理和实施是否成功的重要参考因素。

总而言之，系统集成是一种商业行为，也是一种管理行为，本质上是一种技术行为。

3. 系统集成的内容

系统集成包括设备系统集成和应用系统集成。

1）设备系统集成

设备系统集成也可称为硬件系统集成，在大多数场合简称系统集成，或称为弱电系统集成，以区别于机电设备安装类的强电系统集成。它是指以搭建组织机构内的信息化管理支持平台为目的，利用综合布线技术、楼宇自控技术、通信技术、网络互联技术、多媒体应用技术、安全防范技术、网络安全技术等，对相关设备、软件进行集成设计、安装调试、界面定制开发和应用支持。设备系统集成可分为智能建筑系统集成、计算机网络系统集成、安防系统集成。

（1）智能建筑系统集成。

智能建筑系统集成(intelligent building system integration)是指以搭建建筑主体内的建筑智能化管理系统为目的，利用综合布线技术、楼宇自控技术、通信技术、网络互联技术、多媒体应用技术、安全防范技术等,对相关设备、软件进行集成设计、安装调试、界面定制开发和应用支持。智能建筑系统集成实施的子系统包括综合布线系统、楼宇自控系统、电话交换机系统、机房工程系统、监控系统、防盗报警系统、公共广播系统、门禁系统、楼宇对讲系统、一卡通系统、停车管理系统、消防系统、多媒体显示系统、远程会议系统。功能近似、统一管理的多幢住宅楼的智能建筑系统集成,又称为智能小区系统集成。

(2)计算机网络系统集成。

计算机网络系统集成(computer net system integration)是指通过结构化的综合布线系统和计算机网络技术,将各个分离的设备(个人计算机)、功能和信息等集成到相互关联、统一协调的系统之中,使系统达到充分共享,实现集中、高效、便利的管理。

(3)安防系统集成。

安防系统集成(security system integration)是指以搭建组织机构内的安全防范管理平台为目的,利用综合布线技术、通信技术、网络互联技术、多媒体应用技术、安全防范技术、网络安全技术等,对相关设备、软件进行集成设计、安装调试、界面定制开发和应用支持。安防系统集成实施的子系统包括门禁系统、楼宇对讲系统、监控系统、防盗报警系统、一卡通系统、停车管理系统、消防系统、多媒体显示系统、远程会议系统。安防系统集成既可作为一个独立的系统集成项目,也可作为一个子项目包含在智能建筑系统集成中。

2)应用系统集成

应用系统集成(application system integration)以系统的高度为用户提供应用的系统模式,以及实现该系统模式的具体技术解决方案和运作方案,即为用户提供一个全面的系统解决方案。应用系统集成已经深入用户具体业务和应用层面。在大多数场合,应用系统集成又称为行业信息化解决方案集成。应用系统集成可以说是系统集成的高级阶段。

系统集成还包括构建各种 Win 和 Linux 的服务器,使各服务器间可以有效地通信,为用户提供高效的访问速度。

5.8.5 任务小结

工业机器人集成周边电控系统主要是指 PLC 部分、人机交互部分、电源部分、预执行机构与通信部分,这些部分有机地结合成一个整体,组成一个系统。通过对本任务的学习,学生要能够对该系统进行分析,并排除系统故障。

◀ 项 目 总 结 ▶

本项目围绕工业机器人常见故障及其排除展开内容,介绍了示教器的死机故障诊断与保养、工业机器人定位精度验证、工业机器人控制柜故障诊断技巧、现场 I/O 通信故障处理、工业机器人控制柜网络回路诊断、工业机器人气动系统故障处理、工业机器人环境检测系统故障处理、工业机器人集成周边电控系统故障处理等内容,每种故障都是一种代表,学生能从中能积累宝贵经验,为今后的学习和工作打下坚实的基础。

本项目重点要掌握的内容是工业机器人的常见故障及其排除。通过对本项目的学习,学生应能够分析工业机器人故障产生的原因,并根据故障原因进行故障排除。

◀ 思考与练习 ▶

一、单项选择题

1. FlexPendant 通过具有（　　　）V 电源和两个使动设备链的电缆物理连接至配电板和紧急停止装置。

A. DC 3　　　　　　　B. DC 5　　　　　　　C. DC 12　　　　　　D. DC 24

2. （　　　）不是气动系统执行元件。

A. 气缸　　　　　　　B. 气马达　　　　　　C. 真空吸盘　　　　　D. 气管接头

3. 一般磁性接近开关中的磁是指（　　　）。

A. 普通磁铁　　　　　B. 永久磁铁　　　　　C. 电磁铁　　　　　　D. 强性磁铁

4. 下列对 ABB 工业机器人高级重启功能中"重置系统"的描述，正确的是（　　　）。

A. 只是将系统重启一次　　　　　　　B. 将系统恢复到出厂设置状态

C. RAPID 恢复到原始的编程环境　　　D. 进入系统 IP 设置及系统管理界面

5. （　　　）不属于气动系统中三联件的作用。

A. 控制　　　　　　　B. 过滤　　　　　　　C. 调压　　　　　　　D. 润滑

二、填空题

1. 气动系统以_____为工作介质，它通过各种元件组成不同功能的基本回路，由若干基本回路有机地组合成整体，进行动力或信号的传递与控制。

2. FlexPendant 通过配电板与控制模块_____进行通信。

3. 在工业机器人正常运行的过程中，对工业机器人系统 RobotWare 进行了误操作（如意外删除系统模块、I/O 设定错乱等）导致报警与停机，我们可以称为_____。

4. 一个典型的气动系统由以下部分组成：①_____；②_____；③_____；④_____；⑤_____；⑥_____；⑦_____；⑧_____；⑨_____。

5. 气动元件亦为能量转换装置，利用气体_____来传递能量。

附录

术语又称技术名词、科学术语、科技术语或技术术语，是在特定专业领域中一般概念的词语指称，一个术语表示一个概念。术语其实就是语言的压缩。在这一点上，术语与成语有一样的作用，都减少了沟通的成本，提高了效率。

随着科学技术的发展，生产的社会化程度越来越高，生产规模越来越大，技术要求越来越复杂，分工越来越细，生产协作越来越广泛，这就必须通过制定和使用标准，来保证各生产部门的活动在技术上保持高度的统一和协调，以使生产正常进行。可以说，标准化为组织现代化生产创造了前提条件。

由此可见，对于工业机器人行业的从业者以及工业机器人专业方向的学生来说，掌握和学会熟练使用工业机器人术语和有关标准，是非常重要的。

 【学习目标】

※ **知识目标**
1. 掌握与机器人有关的术语。
2. 掌握与工业机器人有关的工业标准。

※ **技能目标**
1. 能熟练使用与机器人有关的术语。
2. 能熟练使用与工业机器人有关的工业标准。

◀ 附录 A　机器人基本术语 ▶

国家标准《机器人与机器人装备　词汇》(GB/T 12643—2013)定义了在工业和非工业环境下作业的机器人与机器人装备的相关术语。

A.1　通用术语

1. 操作机(manipulator)

操作机是指用来抓取和(或)移动物体、由一些相互较接或相对滑动的构件组成的多自由度机器。

注1:操作机可由操作员、可编程控制器或某些逻辑系统(如凸轮装置、线路)来控制。

注2:操作机不包括末端执行器。

2. 自主能力(autonomy)

自主能力是指基于当前状态和感知信息,无人为干预地执行预期任务的能力。

3. 物理变更(physical alteration)

物理变更是指机械系统的更换。

注:机械系统不包括存储介质、ROMs等。

4. 可重复编程(reprogrammable)

可重复编程是指无须物理变更即可更改已编程的运动或辅助功能。

5. 多用途(multipurpose)

多用途是指经物理变更后,有能力适用不同用途的性能。

6. 机器人(robot)

机器人是指具有两个或两个以上可编程的轴,以及一定程度的自主能力,可在其环境内运动以执行预期的任务的执行机构。

注1:机器人包括控制系统和控制系统接口。

注2:按照预期的用途,机器人可分为工业机器人和服务机器人。

7. 控制系统(control system)

控制系统是指一套具有逻辑控制和动力功能的系统,能控制和监测机器人机械结构并与环境(设备和使用者)进行通信。

8. 机器人装置(robotic device)

机器人装置是指具有工业机器人或服务机器人的特征,但缺少可编程的轴的数目或自主能力程度的执行机构。

示例:助力设备,遥操作设备,两轴工业操作机。

9. 工业机器人(industrial robot)

工业机器人是指自动控制的、可重复编程的、多用途的操作机,可对三个或三个以上轴进行编程。它可以是固定式的或移动式的,在工业自动化中使用。

注1:工业机器人包括:①操作机,含致动器;②控制器,含示教盒和某些通信接口(硬件和软件)。

注2:操作机和控制器中包括某些集成的附加轴。

10．服务机器人（service robot）

服务机器人是指除工业自动化应用外，能为人类或设备完成有用任务的机器人。

注 1：工业自动化应用包括（但不限于）制造、检验、包装和装配。

注 2：用于生产线的关节机器人是工业机器人，而用于供餐的类似的关节机器人就是服务机器人。

11．个人服务机器人（personal service robot）

个人服务机器人是指用于非营利性任务的、一般由非专业人士使用的服务机器人。

示例：家政服务机器人，自动轮椅，个人移动助理机器人和小型健身机器人。

12．专用服务机器人（professional service robot）

专用服务机器人是指用于营利性任务的、一般由培训合格的操作员操作的服务机器人。

示例：用于公共空间的清洁机器人，办公室或医院里的运送机器人，消防机器人，康复机器人和外科手术机器人。

13．移动机器人（mobile robot）

移动机器人是指基于自身控制、可移动的机器人。

注：移动机器人可以是装有或未装操作机的移动平台。

14．机器人系统（robot system）

机器人系统是指由（多）机器人、（多）末端执行器和为使机器人完成其任务所需的任何机械、设备、装置或传感器构成的系统。

15．工业机器人系统（industrial robot system）

工业机器人系统是指由（多）工业机器人、（多）末端执行器和为使机器人完成其任务所需的任何机械、设备、装置、外部辅助轴或传感器构成的系统。

16．机器人学（robotics）

机器人学是指关于机器人设计、制造和应用的一门学科。

17．操作员（operator）

操作员是指指定从事机器人或机器人系统启动、监控和停机等预期操作的人员。

18．编程员（programmer）

编程员是指指定进行任务程序编制的人员。

19．受服者（recipient）和受益人（beneficiary）

受服者和受益人是指与服务机器人交互而获得其服务之便利的人。

注：此定义是为了区分操作员和受服者。

示例：患者接受医用机器人的护理。

20．安装（installation）

安装是指机器人安装就位，并将其与动力电源和其他必要的基础设施部件等进行连接。

21．试运行（commissioning）

试运行是指安装后，设定、检查机器人系统并验证机器人功能的过程。

22．集成（integration）

集成是指将机器人和其他设备或另一个机器（含其他机器人）组合成能完成如零部件生产的有益工作的机器系统。

注：此定义目前仅用于工业机器人。

23．工业机器人单元（industrial robot cell）

工业机器人单元是指包含相关机器、设备、安全防护空间和保护装置的一个或多个机器人系统。

24. 工业机器人生产线（industrial robot line）

工业机器人生产线由在单独的或相连的安全防护空间内执行相同或不同功能的多个机器人单元和相关设备构成。

25. 协作操作（collaborative operation）

协作操作是指在规定的工作空间内，专用设计的机器人与人直接合作工作的状态。

26. 协作机器人（collaborative robot）

协作机器人是指为与人直接交互而设计的机器人。

27. 机器人合作（robot cooperation）

机器人合作是指多个机器人之间交流信息和动作，共同确保其运动的有效作用，以完成任务。

28. 智能机器人（intelligent robot）

智能机器人是指具有依靠感知其环境、和/或与外部资源交互、调整自身行为来执行任务的能力的机器人。

示例：具有视觉传感器用来拾放物体的工业机器人，避碰的移动机器人，在不平地面上行走的腿式机器人。

29. 人-机器人交互（human-robot interaction，HRI）

人-机器人交互是指人和机器人通过用户接口交流信息和动作来执行任务。

示例：人与机器人通过语音、视觉和触觉方式交流。

注：为了避免混淆，建议在描述用户接口时不使用缩写"HRI"表示人-机器人接口。

30. 确认（validation）

确认是指通过提供客观证据对特定的预期用途或应用要求已得到满足的认定。

31. 验证（verification）

验证是指通过提供客观证据对规定要求已得到满足的认定。

A.2　机械结构

1. 致动器（actuator）、机器人致动器（robot actuator）、机器致动器（machine actuator）

致动器、机器人致动器、机器致动器均指用于实现机器人运动的动力机构。

示例：把电能、液压能、气动能转换成使机器人运动的马达。

2. 机器人手臂（robotic arm）、手臂（arm）、主关节轴（primary axes）

机器人手臂、手臂、主关节轴均指操作机上一组互相连接的长形的杆件和主动关节，用以定位手腕。

3. 机器人手腕（robotic wrist）、手腕（wrist）、副关节轴（secondary axes）

机器人手腕、手腕、副关节轴均指操作机上在手臂和末端执行器之间的一组相互连接的杆件和主动关节，用以支承末端执行器并确定其位置和姿态。

4. 机器人腿（robotic leg）、腿（leg）

机器人腿、腿均指通过往复运动和与行走面的周期性接触来支承及推进移动机器人的杆件机构。

5. 构形（configuration）

构形是指在任何时刻均能完全确定机器人形状的所有关节的一组位移值。

6. 杆件(link)

杆件是指用于连接相邻关节的刚体。

7. 关节

(1) 棱柱关节(prismatic joint)、滑动关节(sliding joint)。

棱柱关节、滑动关节均指两杆件间的组件,能使其中一杆件相对于另一杆件作直线运动。

(2) 回转关节(rotary joint)、旋转关节(revolute joint)。

回转关节、旋转关节均指连接两杆件的组件,能使其中一杆件相对于另一杆件绕固定轴线转动。

(3) 圆柱关节(cylindrical joint)。

圆柱关节是指两杆件间的组件,能使其中一杆件相对于另一杆件移动并绕一移动轴线转动。

(4) 球关节(spherical joint)。

球关节是指两杆件间的组件,能使其中一杆件相对于另一杆件在三个自由度上绕一固定点转动。

8. 机座(base)

机座是指一平台或构架,操作机第一个杆件的原点置于其上。

9. 机座安装面(base mounting surface)

机座安装面是指机器人与其支承体间的连接表面。

10. 机械接口(mechanical interface)

机械接口位于操作机末端,用于安装末端执行器的安装面。

11. 末端执行器(end effector)

末端执行器是指为使机器人完成其任务而专门设计并安装在机械接口处的装置。

示例:夹持器,扳手,焊枪,喷枪等。

12. 末端执行器连接装置(end effector coupling device)

末端执行器连接装置是指位于手腕末端的法兰或轴和把末端执行器固定在手腕端部的锁紧装置及附件。

13. 末端执行器自动更换系统(automatic end effector exchange system)

末端执行器自动更换系统是指位于机械接口和末端执行器之间能自动更换末端执行器的连接装置。

14. 夹持器(gripper)

夹持器是指供抓取和握持用的末端执行器。

15. 机器人的机械结构类型

(1) 直角坐标机器人(rectangular robot)、笛卡儿坐标机器人(Cartesian robot)。

直角坐标机器人、笛卡儿坐标机器人均指手臂具有三个棱柱关节,其轴按直角坐标配置的机器人。

示例:龙门机器人。

(2) 圆柱坐标机器人(cylindrical robot)。

圆柱坐标机器人是指手臂至少有一个回转关节和一个棱柱关节,其轴按圆柱坐标配置的机器人。

(3) 极坐标机器人(polar robot)、球坐标机器人(spherical robot)。

极坐标机器人、球坐标机器人均指手臂有两个回转关节和一个棱柱关节,其轴按极坐标配置的机器人。

（4）摆动式机器人（pendular robot）。

摆动式机器人是指机械结构包含一个万向节转动组件的极坐标机器人。

（5）关节机器人（articulated robot）。

关节机器人是指手臂具有三个或更多个回转关节的机器人。

（6）SCARA 机器人（SCARA robot）。

SCARA 机器人是指具有两个平行的回转关节，以便在所选择的平面内提供柔顺性的机器人。

注：SCARA 由 selectively compliant arm for robotic assembly 的首字母组成。

（7）脊柱式机器人（spine robot）。

脊柱式机器人是指手臂由两个或更多个球关节组成的机器人。

（8）并联机器人（parallel robot）、并联杆式机器人（parallel link robot）。

并联机器人、并联杆式机器人均指手臂含有组成闭环结构的杆件的机器人。

示例：Stewart 平台。

16. 移动机器人的机械结构类型

（1）轮式机器人（wheeled robot）。

轮式机器人是指利用轮子实现移动的移动机器人。

（2）腿式机器人（legged robot）。

腿式机器人是指利用一条或更多条腿实现移动的移动机器人。

（3）双足机器人（biped robot）。

双足机器人是指利用两条腿实现移动的腿式机器人。

（4）履带式机器人（crawler robot，tracked robot）。

履带式机器人是指利用履带实现移动的移动机器人。

17. 仿人机器人（humanoid robot）

仿人机器人是指具有躯干、头和四肢，外观和动作与人类相似的机器人。

18. 移动平台（mobile platform）

移动平台是指能使移动机器人实现运动的全部部件的组装件。

注 1：移动平台包含一个用于支承负载的底盘。

注 2：由于与术语"机座"（base）可能发生混淆，建议不使用术语"移动机座"（mobile base）来表述移动平台。

19. 全向移动机构（omni-directional mobile mechanism）

全向移动机构是指能使移动机器人实现朝任一方向即时移动的轮式机构。

20. 自动导引车（automated guided vehicle，AGV）

自动导引车是指沿标记或受外部引导命令指示，沿预设路径移动的移动平台，一般应用于工厂。

A.3　几何学和运动学

1. 运动学正解（forward kinematics）

运动学正解是指已知一机械杆系关节的各坐标值，求该杆系内两个部件坐标系间的数学关系。

注:对于操作机来说,运动学正解一般指求取的工具坐标系和机座坐标系间的数学关系。

2. 运动学逆解(inverse kinematics)

运动学逆解是指已知一机械杆系内两个部件坐标系间的关系,求该杆系关节各坐标值的数学关系。

注:对于操作机来说,运动学逆解一般指求取的工具坐标系和机座坐标系间关节各坐标值的数学关系。

3. 轴(axis)

轴是指用于定义机器人以直线或回转方式运动的方向线。

注,"轴"也用于表示机器人的机械关节。

4. 自由度(degree of freedom,DOF)

自由度是指用以确定物体在空间中独立运动的变量(最大数为 6)。

注:由于与术语"轴"(axis)可能发生混淆,建议不使用术语"自由度"(degree of freedom)来表述机器人的运动。

5. 位姿(pose)

位姿是空间位置和姿态的合称。

注 1:操作机的位姿通常指末端执行器或机械接口的位置和姿态。

注 2:移动机器人的位姿可包括绝对坐标系下的移动平台及和装于其上的任一操作机的位姿组合。

(1)指令位姿(command pose)、编程位姿(programmed pose)。

指令位姿、编程位姿均指由任务程序给定的位姿。

(2)实到位姿(attained pose)。

实到位姿是指机器人响应指令位姿时实际达到的位姿。

(3)校准位姿(alignment pose)。

校准位姿是指为对机器人设定一个几何基准所给定的位姿。

(4)路径(path)。

路径是指一组有序的位姿。

6. 轨迹(trajectory)

轨迹是指基于时间的路径。

7. 坐标系

(1)绝对坐标系(world coordinate system)。

绝对坐标系是指与机器人运动无关,参照大地的不变坐标系。

(2)机座坐标系(base coordinate system)。

机座坐标系是指参照机座安装面的坐标系。

(3)机械接口坐标系(mechanical interface coordinate system)。

机械接口坐标系是指参照机械接口的坐标系。

(4)关节坐标系(joint coordinate system)。

关节坐标系是指参照关节轴的坐标系。每个关节坐标是相对于前一个关节坐标或其他某坐标系来定义的。

(5)工具坐标系(tool coordinate system,TCS)。

工具坐标系是指参照安装在机械接口上的工具或末端执行器的坐标系。

(6) 移动平台坐标系(mobile platform coordinate system)。

移动平台坐标系是指参照移动平台某一部件的坐标系。

注:对于移动机器人来说,典型的移动平台坐标系取前进方向为 X 轴正向,朝上的方向为 Z 轴正向,Y 轴正向按右手定则确定。

8. 空间

(1) 最大空间(maximum space)。

最大空间是指由制造厂所定义的机器人活动部件所能掠过的空间加上由末端执行器和工件运动时所能掠过的空间。

注:对于移动平台来说,这个空间可以认为是移动时理论上能到达的全部空间。

(2) 限定空间(restricted space)。

限定空间是指由限位装置限制的最大空间中不可超出的部分。

注:对于移动平台来说,这个空间可以通过墙和地板上的特定标记或定义在内存地图上的软件界限来限定。

(3) 操作空间(operational space,operating space)。

操作空间是指当实施由任务程序指令的所有运动时,实际用到的那部分限定空间。

(4) 工作空间(working space)。

工作空间是指由手腕参考点所能掠过的空间,是由手腕各关节平移或旋转的区域附加于该手腕参考点的。

注:工作空间小于操作机所有活动部件所能掠过的空间。

(5) 安全防护空间(safeguarded space)。

安全防护空间是指由周边安全防护(装置)确定的空间。

(6) 协作工作空间(collaborative workspace)。

协作工作空间是指在安全防护空间内,机器人与人在生产活动中可同时在其中执行任务的工作空间。

注:目前,此定义仅用于工业机器人。

9. 工具中心点(tool centre point,TCP)。

工具中心点是指参照机械接口坐标系为一定用途而设定的点。

10. 手腕参考点(wrist reference point)、手腕中心点(wrist centre point)、手腕原点(wrist origin)

手腕参考点、手腕中心点、手腕原点均指手腕中两根最内侧副关节轴(即最靠近主关节轴的两根)的交点。若无此交点,可在手腕最内侧副关节轴上指定一点。

11. 移动平台原点(mobile platform origin)、移动平台参考点(mobile platform reference point)

移动平台原点、移动平台参考点均指移动平台坐标系的原点。

12. 坐标变换(coordinate transformation)

坐标变换是指将位姿坐标从一个坐标系转换到另一个坐标系的过程。

13. 奇异(singularity)

奇异在雅克比矩阵不满秩时出现。

注:从数学角度讲,在奇异构形中,为保持笛卡儿空间中的速度,关节空间中的关节速度可以无限大。在实际操作中,笛卡儿空间内定义的运动在奇异点附近将产生操作员无法预料的高转速。

A.4　编程和控制

1. 程序

(1) 任务程序(task program)。

任务程序是指为定义机器人或机器人系统特定的任务所编制的运动和辅助功能的指令集。

注1:此类程序通常是在机器人安装后生成的,并可在规定的条件下由通过培训的人员修改。

注2:应用是指一般的工作范围;任务是指应用中特定的部分。

(2) 控制程序(control program)。

控制程序是指定义机器人或机器人系统能力、动作和响应度的固有的控制指令集。

注:此类程序通常是在安装前生成的,并且仅能由制造厂修改。

2. 编程

(1) 任务编程(task programming)、编程(programming)。

任务编程、编程均指编制任务程序的行为。

(2) 人工数据输入编程(manual data input programming)。

人工数据输入编程是指通过开关、插塞盘或键盘生成程序并直接输入机器人控制系统。

(3) 示教编程(teach programming)。

示教编程是指通过手工引导机器人末端执行器,或手工引导一个机械模拟装置,或用示教盒来移动机器人逐步通过期望位置的方式实现编程。

(4) 离线编程(off-line programming)。

离线编程是指在与机器人分离的装置上编制任务程序后再输入机器人中的编程方法。

(5) 目标编程(goal-directed programming)。

目标编程是一种只规定要完成的任务而不规定机器人的路径的编程方法。

3. 控制

(1) 点位控制(pose-to-pose control)、PTP 控制(PTP control)。

点位控制、PTP 控制均指用户只将指令位姿加于机器人,而对位姿间所遵循的路径不做规定的控制步骤。

(2) 连续路径控制(continuous path control)、CP 控制(CP control)。

连续路径控制、CP 控制均指用户将指令位姿间所遵循的路径加于机器人的控制步骤。

(3) 轨迹控制(trajectory control)。

轨迹控制是指包含速度规划的连续路径控制。

(4) 主从控制(master-slave control)。

主从控制是指从设备(从)复现主设备(主)运动的控制方法。

注:主从控制通常用于遥操作。

(5) 传感控制(sensory control)。

传感控制是指按照外感受传感器输出信号来调整机器人运动或力的控制方式。

(6) 适应控制(一般说自适应控制,adaptive control)。

适应控制是指控制系统的参数由过程中检测到的状况进行调整的控制方式。

(7) 学习控制(learning control)。

学习控制是指能自动地利用先前循环中所获取的经验来改变控制参数和/或算法的控制

方式。

（8）运动规划（motion planning）。

运动规划是指按照所选插补类型，机器人的控制程序确定由用户编程的各指令位姿间如何实现机械结构各关节运动的过程。

（9）柔顺性（compliance）。

柔顺性是指机器人或某辅助工具响应外力作用时的柔性。

注：当此特性与传感反馈作用无关时，称为被动柔顺性；反之，则称为主动柔顺性。

（10）操作方式（operating mode）、操作模式（operational mode）。

操作方式、操作模式均指机器人控制系统的状态。

①自动方式（automatic mode）、自动模式。

自动方式、自动模式均指机器人控制系统按照任务程序运行的一种操作方式。

②手动方式（manual mode）、手动模式。

手动方式、手动模式均指通过按钮、操作杆以及除自动操作外对机器人进行操作的操作方式。

4. 伺服控制（servo-control）

伺服控制是指机器人控制系统控制机器人的致动器以使实到位姿尽可能符合指令位姿的过程。

5. 自动操作（automatic operation）

自动操作是指机器人按需要执行其任务程序的状态。

6. 停止点（stop-point）

停止点是指一个示教或编程的指令位姿。机器人各轴到达该位姿时速度指令为零且定位无偏差。

7. 路径点（fly-by point，via point）

路径点是指一个示教或编程的指令位姿。机器人各轴到达该位姿时将有一定的偏差，偏差的大小取决于到达该位姿时各轴速度的连接曲线和路径给定的规范（速度、位置偏差）。

8. 示教盒（pendant，teach pendant）

示教盒是指与控制系统相连，用来对机器人进行编程或使机器人运动的手持式单元。

9. 操作杆（joystick）

操作杆是指能测出其位姿和作用力的变化并将结果形成指令输入机器人控制系统的一种手动控制装置。

10. 遥操作（teleoperation）

遥操作是指由人从远地实时控制机器人或机器人装置的运动。

示例：炸弹拆除、空间站装配、水下观测和外科手术的机器人操作。

11. 示教再现操作（playback operation）

示教再现操作是指可以重复执行示教编程输入任务程序的一种机器人操作。

12. 用户接口（user interface）

用户接口是指在人-机器人交互过程中人和机器人间交流信息和动作的装置。

注：用户接口是人-机器人交互的一种方式。

示例：麦克风、扬声器、图形用户接口、操作杆和力/触觉装置。

13. 机器人语言（robot language）

机器人语言是指用于描述任务程序的编程语言。

14. 联动（simultaneous motion）

联动是指在单个控制站的控制下，两台或更多台机器人同时运动。它们可用共有的数学关系实现协调或同步。

注1：示教盒可作为单个控制站的例子。

注2：协调可以按主从方式实现。

15. 限位装置（limiting device）

限位装置是指通过停止或导致停止机器人的所有运动来限制最大空间的装置。

16. 程序验证（program verification）

程序验证是指为确认机器人路径和工艺性能而执行一个任务程序。

注：验证可包括任务程序执行中工具中心点跟踪的全部路径或部分路径。可以执行单个指令或连续指令序列。程序验证被用于新的程序和调整/编辑原有程序。

17. 保护性停止（protective stop）

保护性停止是指为安全防护目的而允许运动停止并保持程序逻辑以便重启的一种操作中断类型。

18. 安全适用（safety-rated）

安全适用的特征是具有安全功能，该安全功能含有特定的安全相关性能。

示例：安全适用的慢速，安全适用的监测速度，安全适用的输出。

19. 单点控制（single point of control）

单点控制是指操作机器人的能力，以使机器人运动的启动仅能来自一个控制源而不能被其他控制源覆盖。

20. 慢速控制（reduced speed control，slow speed control）

慢速控制是指将运动速度限制在250 mm/s以下的机器人运动控制方式。

注1：慢速用于保证人有足够时间来脱离危险运动或停机。

注2：此定义目前仅用于工业机器人。

A.5　性能

1. 正常操作条件（normal operating conditions）

正常操作条件是指为符合制造厂所给出的机器人性能而应具备的环境条件范围和可影响机器人性能的其他参数值（如电源波动、电磁场参数值）。

注：环境条件包括温度和湿度等。

2. 负载

（1）负载（load）。

负载是指在规定的速度和加速度条件下，沿着运动的各个方向，机械接口或移动平台处可承受的力和/或扭矩。

注：负载是质量、惯性力矩的函数，是机器人承受的静态力和动态力。

（2）额定负载（rated load）。

额定负载是指正常操作条件下作用于机械接口或移动平台且不会使机器人性能降低的最大负载。

注：额定负载包括末端执行器、附件、工件的惯性作用力。

（3）极限负载（limiting load）。

极限负载是指由制造厂指明的、在限定的操作条件下可作用于机械接口或移动平台且机器人机构不会被损坏或失效的最大负载。

（4）附加负载（additional load）、附加质量（additional mass）。

附加负载（附加质量）是指机器人能承载的附加于额定负载上的负载（质量），它并不作用在机械接口，而作用在操作机的其他部分，通常是在手臂上。

（5）最大力（maximum force）、最大推力（maximum thrust）

最大力（最大推力）是指除惯性作用外，可连续作用于机械接口或移动平台而不会造成机器人机构持久损伤的力（推力）。

（6）最大力矩（maximum moment）、最大扭矩（maximum torque）。

最大力矩（最大扭矩）是指除惯性作用外，可连续作用于机械接口或移动平台而不会造成机器人机构持久损伤的力矩（扭矩）。

3. 速度

（1）单关节速度（individual joint velocity）、单轴速度（individual axis velocity）。

单关节速度、单轴速度是指单个关节运动时指定点所产生的速度。

（2）路径速度（path velocity）。

路径速度是指沿路径每单位时间内位置的变化。

4. 加速度

（1）单关节加速度（individual joint acceleration）、单轴加速度（individual axis acceleration）。

单关节加速度、单轴加速度均指单个关节运动时指定点所产生的加速度。

（2）路径加速度（path acceleration）。

路径加速度是指沿路径每单位时间内速度的变化。

5. 位姿准确度（pose accuracy）、单方向位姿准确度（unidirectional pose accuracy）

位姿准确度、单方向位姿准确度均指从同一方向趋近指令位姿时，指令位姿和实到位姿均值间的差值。

6. 位姿重复性（pose repeatability）、单方向位姿重复性（unidirectional pose repeatability）

位姿重复性、单方向位姿重复性均指从同一方向重复趋近同一指令位姿时，实到位姿散布的不一致程度。

7. 多方向位姿准确度变动（multidirectional pose accuracy variation）

多方向位姿准确度变动是指从三个相互垂直方向多次趋近同一指令位姿时，所达到的实到位均值间的最大距离。

8. 距离准确度（distance accuracy）

距离准确度是指指令距离和实到距离均值间的差值。

9. 距离重复性（distance repeatability）

距离重复性是指在同一方向上重复同一指令距离时，各实到距离间的不一致程度。

10. 位姿稳定时间（pose stabilization time）

位姿稳定时间是指从机器人发出"到位"信号开始至机械接口或移动平台的振荡衰减运动或阻尼运动到达规定界限所经历的时间段。

11. 位姿超调（pose overshoot）

位姿超调是指机器人给出"到位"信号后，趋近（指令）路径和实到位姿间的最大距离。

12. 位姿准确度漂移（drift pose accuracy）

位姿准确度漂移是指经过一规定时间位姿准确度的变化。

13. 位姿重复性漂移（drift of pose repeatability）

位姿重复性漂移是指经过一规定时间位姿重复性的变化。

14. 路径准确度（path accuracy）

路径准确度是指指令路径和实到路径均值间的差值。

15. 路径重复性（path repeatability）

路径重复性是指对于同一指令路径，多次实到路径间的不一致程度。

16. 路径速度准确度（path velocity accuracy）

路径速度准确度是指当运行同一指令路径时，指令路径速度和实到路径速度均值间的差值。

17. 路径速度重复性（path velocity repeatability）

路径速度重复性是指对于给定的指令路径速度，各实到速度的不一致程度。

18. 路径速度波动（path velocity fluctuation）

路径速度波动是指按给定的指令速度沿给定的指令路径运行时产生的最大和最小速度间的差值。

19. 最小定位时间（minimum posing time）

最小定位时间是指机械接口或移动平台从静止状态开始，运行一预定距离，到达静止状态所经历的最少时间（包括稳定时间）。

20. 静态柔顺性（static compliance）

静态柔顺性是指作用于机械接口的每单位负载下机械接口的最大位移量。

21. 分辨力（resolution）

分辨力是指机器人每轴或关节所能达到的最小位移增量。

22. 循环（cycle）

循环是指执行一次任务程序。

注：某些任务程序不必是循环的。

23. 循环时间（cycle time）

循环时间是指完成循环所需的时间。

24. 标准循环（standard cycle）

标准循环是指在规定条件下机器人完成（作为参考）典型任务时的运动顺序。

A.6 感知与导航

1. 环境地图（environment map）、环境模型（environment model）

环境地图、环境模型是指利用可分辨的环境特征来描述环境的地图、模型。

示例：栅格地图、几何地图、拓扑地图和语义地图。

2. 定位（localization）

定位是指在环境地图上识别或分辨移动机器人的位姿。

3. 地标（landmark）

地标是指用于移动机器人定位的、在环境地图上可辨别的人工物体或自然物体。

4. 障碍（obstacle）

障碍是指（位于地面、墙或天花板上的）阻碍预期运动的静态或动态物体、装置。

注:地面障碍物包括台阶、坑、不平地面等。

5. 绘制地图(mapping)、地图构建(map building)、地图生成(map generation)

绘制地图、地图构建、地图生成均指利用环境中几何的和可探测的特征、地标和障碍建立环境地图来描述环境。

6. 导航(navigation)

导航是指根据定位和环境地图决定并控制行走方向。

注:导航包括了为实现从位姿点到位姿点的运动和整片区域覆盖的路径规划。

7. 行走面(travel surface)

行走面是指移动机器人行走的地面。

8. 航位(迹)推算法(dead reckoning)

航位(迹)推算法是指从已知初始位姿,移动机器人仅利用内部测量值获取自身位姿的方法。

9. 传感器融合(sensor fusion)

传感器融合是指通过融合多个传感器的信息以获得更完善信息的过程。

10. 任务规划(task planning)

任务规划是指通过生成由子任务和运动组成的任务序列来解决要完成的任务的过程。

注:任务规划包括自主生成和用户生成。

11. 机器人传感器(robot sensor)

机器人传感器是指用于获取机器人控制所需的内部和外部信息的传感器(转换器)。

(1)本体感受传感器(proprioceptive sensor)、内部状态传感器(internal state sensor)。

本体感受传感器、内部状态传感器均指用于测量机器人内部状态的机器人传感器。

示例:码盘、电位计、测速发电机、加速度计和陀螺仪等惯性传感器。

(2)外感受传感器(exteroceptive sensor)、外部状态传感器(external state sensor)。

外感受传感器、外部状态传感器均指用于测量机器人所处环境状态或机器人与环境交互状态的机器人传感器。

示例:视觉传感器,距离传感器,力传感器,触觉传感器,声传感器。

◀ 附录 B　工业机器人适用的工业标准 ▶

无规矩不成方圆,工业机器人的生产与使用必须执行相应的工业标准,以满足质量、功能以及安全的要求。以下是 ABB 工业机器人所适用的相关工业标准。

1.《机械安全　设计通则　风险评估与风险减小》

简介:《机械安全　设计通则　风险评估与风险减小》(*Safety of machinery—General principles for design—Risk assessment and risk reduction*,ISO 12100:2010)使设计工程师全面了解可安全用于定制用途的机器制造。机械安全条款考虑的是机器满足其使用寿命期间的定制功能,继而充分降低风险的能力。该标准中定义了基本危险,可以帮助设计工程师识别相关重要危险。

2.《机械安全　控制系统安全相关部件　第 1 部分:设计通则》

简介:《机械安全　控制系统安全相关部件　第 1 部分:设计通则》(*Safety of machinery—Safety-related parts of control systems—Part 1:General principles for design*,

ISO 13849-1:2019)是适用于机械安全相关控制系统设计的主要安全标准。

3.《机械安全　急停　设计原则》

简介:《机械安全　急停　设计原则》(*Safety of machinery—Emergency stop—Principles for design*,ISO 13850:2016)规定了与控制功能所用能量形式无关的急停功能要求和设计原则。本标准适用于除以下两类机器以外的所有机械:急停功能不能减小风险的机器;手持式机器和手导式机器。本标准不涉及可能是急停功能部分的反转、限制运动、偏转、屏蔽、制动或断开等功能。

4.《工业环境用机器人　安全要求　第1部分:机器人》

简介:《工业环境用机器人　安全要求　第1部分:机器人》(*Robots for industrial environments—Safety requirements—Part 1:Robot*,ISO 10218-1:2011)描述了需求和固有安全设计指南、防护措施和信息使用的工业机器人,描述了机器人基本的危害,并提供需求充分满足或减少这些危害的风险。

5.《机器人与机器人装备　坐标系和运动命名原则》

简介:《机器人与机器人装备　坐标系和运动命名原则》(*Robots and robotic devices—Coordinate systems and motion nomenclatures*,ISO 9787:2013)指定并定义机器人坐标系统,给出用于操纵机器人运动基本的指令和符号,旨在为机器人编程、校准和测试提供帮助。

6.《操纵工业机器人　性能标准和相关试验方法》

简介:《操纵工业机器人　性能标准和相关试验方法》(*Manipulating industrial robots—Performance criteria and related test methods*,ISO 9283:2016)的目的是促进用户和制造商之间对机器人和机器人系统之间的理解。该标准定义了机器人和机器人系统重要的性能特征,描述了用户和制造商如何规定机器人和机器人系统,建议用户和制造商应该如何测试机器人和机器人系统。

7.《洁净室和相关受控环境　第1部分:根据颗粒浓度对空气清洁度分类》

简介:《洁净室和相关受控环境　第1部分:根据颗粒浓度对空气清洁度分类》(*Clean rooms and associated controlled environments—Part 1:Classification of air cleanliness by particle concentration*,ISO 14644-1:2017)根据空气中悬浮粒子的浓度来划分洁净室及相关受控环境中空气洁净度的等级。只有在1微米到5微米(低于阈值)粒径范围内呈累积分布的粒子种群才可供分级用。该标准不能用于表征悬浮粒子的物理性、化学性、放射性或生存性。

8.《热环境的人类工效学　对人类接触表面反映的评估方法　第3部分:热表面》

简介:《热环境的人类工效学　对人类接触表面反映的评估方法　第3部分:热表面》(*Ergonomics of the thermal environment—Methods for the assessment of human responses to contact with surfaces—Part 1:Hot surfaces*,ISO 13732-1:2015)提供了燃烧温度阈值(发生在人类皮肤接触热固体表面),描述了燃烧的风险评估方法(当人类无保护的皮肤可能接触热表面时)。当人类无保护的皮肤可能接触热表面时,有必要为热表面指定温度极限值(这样的温度极限的值可以指定在特定的产品标准或规定,以防止人类维持燃烧时的热表面接触产品),而不设置表面温度限制值。

9.《电磁兼容性(EMC)　第6-4部分:通用标准　工业环境用发射标准》

简介:《电磁兼容性(EMC)　第6-4部分:通用标准　工业环境用发射标准》(*Electromagnetic compatibility（EMC）—Part 6-4:Generic standards—Emission standard for industrial*,DIN EN 61000-6-4:2011)与抗扰要求有关,直接从厂家到人员到相邻的对象对电气和电子设备受到静电放电提供测试方法。另外,它定义了在不同的环境和安装条件的范围下的不同测试水平,并建立了测试程序。该标准旨在建立一个共同的和可再生的基础评估性能的电气和电子设备,定义了典型放电电流的波形、范围的测试水平、测试设备、测试环境、测试程序、校准过程和测量的不确定性。

10.《电磁兼容性(EMC) 第 6-2 部分:通用标准 工业环境的抗扰度》

简介:《电磁兼容性(EMC) 第 6-2 部分:通用标准 工业环境的抗扰度》(*Electromagnetic compatibility (EMC)—Part 6-2:Generic standards—Immunity for industrial environments*,BS EN IEC 61000-6-2:2019)适用于工业环境中的电气和电子设备。它涵盖了在 0 赫兹至 400 千兆赫频率范围内的抗扰度要求(不需要在没有规定要求的频率上进行测试)。作为一种通用的电磁兼容免疫标准,该标准在没有相关的电磁兼容性标准的情况下适用,并广泛应用于室内和室外环境中的重型工业设备。具体来说,该标准适用于任何拟连接到由高压或中压变压器提供的电力网络的设备,这些变压器专门用于供应装置、进料制造或类似工厂,并打算在工业地点内或附近运行。它也适用于任何打算用于工业场所的电池操作设备。

11.《电弧焊设备 第 1 部分:焊接电源》

简介:《电弧焊设备 第 1 部分:焊接电源》(*Arc welding equipment—Part 1:Welding power sources*,KS C IEC 60974-1:2014(R2019))规定了弧焊电源以及等离子切割系统的安全要求和性能要求,适用于为工业和专业用途而设计的由不超过相关规定的电压供电或由机械设备驱动的弧焊和类似工艺所用的电源,不适用于主要为非专业人员使用的限制负载的手工电弧焊电源,不适用于正处于维护保养周期内或维修后的焊接电源的检测。

12.《弧焊设备 第 10 部分:电磁兼容性(EMC)要求》

简介:《弧焊设备 第 10 部分:电磁兼容性(EMC)要求》(*Arc welding equipment Part 10:Electromagnetic compatibility (EMC) requirements*,IEC 60974-10:2020)规定了射频发射的标准和实验方法,谐波电流发射、电压波动和闪烁的标准和实验方法,抗扰度要求和实验方法(包括连续骚扰、瞬态骚扰、传导骚扰、辐射骚扰和静电放电),适用于弧焊及类似工艺的设备,包括电源及辅助设备,如送丝装置、冷却系统、引弧和稳弧装置等。本标准适用于所有场合下的弧焊设备。

13.《机械安全 机械电气设备 第 1 部分:通用技术条件》

简介:《机械安全 机械电气设备 第 1 部分:通用技术条件》(*Safety of machinery—Electrical equipment of machines—Part 1:General requirements*,ABNT NBR IEC 60204-1:2020)适用于机械(包括协同工作的一组机械)的电气、电子和可编程序电子设备及系统,而不适用于手提工作式机械。该标准对机械电气设备提出了技术要求和建议,有助于提高人员和财产的安全性、控制响应的一致性和维护的便利性。

14.《外壳防护等级(IP 代码)》

简介:《外壳防护等级(IP 代码)》(*Degrees of protection provided by enclosures (IP code)*,KS C IEC 60529:2017)适用于额定电压不超过 72.5 kV,借助外壳防护的电气设备的防护分级。该标准规定了电气设备下述内容的外壳防护等级:第一,对人体触及外壳内的危险部件的防护;第二,对固体异物进入外壳内设备的防护;第三,对水进入外壳内对设备造成有害影响的防护。另外,该标准对防护等级进行了标识,提出了各防护等级标识的要求,并按本标准的要求对外壳做验证试验。各类产品引用外壳防护等级的程度和方式,以及采用何种外壳,留待产品标准决定,对具体的防护等级所采用的试验应符合本标准的规定,必要时,在有关产品标准中可增加补充要求。

15.《机械安全　符合人体工学的设计原则　第1部分:术语和一般原则》

简介:《机械安全　符合人体工学的设计原则　第1部分:术语和一般原则》(*Safety of machinery—Ergonomic design principles—Part 1:Terminology and general principles*,DIN EN 614-1:2009)适用于技术人员和机器之间的交互时,安装、操作、调整、维护、清洗、拆卸、维修或运输设备,并概述了应遵循的健康、安全准则。

16.《机械安全　双手操纵装置　功能状况及设计原则》

简介:《机械安全　双手操纵装置　功能状况及设计原则》(*Safety of machinery—Two-hand control devices—Functional aspects and design principles*,GOST ISO 13851 CORR 1-2007)规定了双手操纵装置的安全要求和输出信号对输入信号的依赖性,描述了双手操纵装置达到安全要求的主要特性,同时给出了三种类型功能特性的组合,基于风险评价给出了双手操纵装置在设计和选择上的要求与指南,包括对其评价、失效的预防和故障排除,给出了对具体可编程电子系统的双手操纵装置的设计要求和选择指南,适用于与使用能源无关的所有双手操纵装置,包括是或者不是机器整体部分的双手操纵装置和由一个或多个分立元件组成的双手操纵装置。

17.《机械安全　防护装置　固定式和活动式防护装置的设计与制造一般要求》

简介:《机械安全　防护装置　固定式和活动式防护装置的设计与制造一般要求》(*Safety of machinery—Guards—General requirements for the design and construction of fixed and movable guards*,ISO 14120:2015)规定了用于保护人员免受机械危险伤害的防护装置的设计、制造和选择的一般要求,给出了相应防护装置设计和制造的其他危险,适用于在其发布后生产的机械用防护装置,适用于固定式和活动式防护装置,不适用于联锁装置。

18.《机器人和机器设备　工业机器人安全要求　第1部分:机器人》

简介:《机器人和机器设备　工业机器人安全要求　第1部分:机器人》(*Robots and robotic devices—Safety requirements for industrial robots—Part 1:Robots*,ISO 10218-1:2018)规定了工业机器人的基本安全设计、防护措施以及使用信息的要求和准则,描述了工业机器人相关的基本危害情况,并提出了消除或充分减小这些危险的要求,适用于工业机器人。

19.《机器人和机器设备　工业机器人安全要求　第2部分:机器人系统和集成》

简介:《机器人和机器设备　工业机器人安全要求　第2部分 机器人系统和集成》(*Robots and robotic devices—Safety requirements for industrial robots—Part 2:Robot systems and integration*,ISO 10218-2:2018)规定了工业机器人、工业机器人系统和工业机器人单元集成的安全要求,描述了与工业机器人、工业机器人系统和工业机器人单元集成有关的基本危险和危险情况,提出了消除和充分降低与这些危险相关的风险的要求,并规定了对作为集成制造系统部分的工业机器人系统的要求。

参考文献 CANKAOWENXIAN

[1] 孙志杰,王善军,张雪鑫.工业机器人发展现状与趋势[J].吉林工程技术师范学院学报,2011,27(7):61-62.

[2] 王健,闵琳,汪杰,等.机器人关键零部件的国产品牌破冰之道[J].智慧工厂,2016,(04):6-15.

[3] 曹文祥,冯雪梅.工业机器人研究现状及发展趋势[J].机械制造,2011,49(2):41-43.

[4] 刘磊.工业机器人远程监控诊断服务系统的设计开发[D].大连:大连理工大学,2014.

[5] 刘玲,张西,汪琳娜.故障诊断技术的现状与发展[J].电子测试,2016,(Z1):62-63.

[6] 吴晓峰,王瑞华,韩永生.远程监控与故障诊断系统的研究与应用[J].自动化仪表,2009,30(3):22-25.

[7] 李立强,巨林仓,苏军.VC 下实现基于 Modbus 协议的 DCS 与远程 I/O 系统通信[J].微计算机信息(测控自动化),2004,20(2):26-27,90.

[8] 胡丽霞,赵光宙.基于分层结构的远程监控系统通信协议的设计[J].机电工程,2007,24(1):28-30.